Induktionsmotoren.

Ein Kompendium für Studirende und Ingenieure.

Deutsche autorisierte und erweiterte Bearbeitung

von

B. A. Behrend „The induction motor“.

Unter Mitwirkung

von

Professor W. Kübler-Dresden

herausgegeben von

Dr. Paul Berkitz.

BERLIN W.

Verlag von M. Krayn.

1903.

Druck von Rosenthal & Co.,
Berlin N., Johannisstr. 20.

Vorwort.

Das vorliegende Buch — eine freie deutsche Bearbeitung und Erweiterung von B. A. Behrend „The induction motor“ — verfolgt den Zweck, Studierenden und in der Praxis stehenden Ingenieuren, die ein Interesse daran haben, das Wesen der Induktionsmotoren kennen zu lernen, aber nicht die Zeit gewinnen können, das für sie Brauchbare aus der Hochflut der einschlägigen Litteratur zu sammeln, ein Kompendium zu geben, in dem der heutige Stand der Theorie und Praxis der Induktionsmotoren erschöpfend behandelt ist.

Um dieses Ziel zu erreichen und damit eine bestehende Lücke in der Fachlitteratur auszufüllen, war der Herausgeber gezwungen, gewisse Rücksichten auf den Umfang der Schrift zu nehmen, und infolgedessen soviel Kenntnisse auf dem Gebiete der Wechselstrom-Technik vorauszusetzen, als vom akademisch gebildeten Ingenieur heute verlangt werden kann. Theoretische Ableitungen wurden daher nur soweit aufgenommen, als sie für das Verständnis und die praktische Anwendung der speciellen Probleme auf dem hier behandelten Gebiet unerlässlich sind.

Auf Einheitlichkeit der Darstellung ist Wert gelegt worden, erreicht konnte sie auch dort werden, wo auf vorhandene Arbeiten zurückgegriffen wurde, wobei natürlich die Bezeichnungen teilweise entsprechend geändert werden mussten.

Die konstruktive Behandlung des mechanischen Teiles ist, soweit sie nicht durch den allgemeinen Maschinenbau erledigt wird, berücksichtigt worden. Die Anwendungen lassen sich an der Darstellung typischer und extremer Fälle am natürlichsten erläutern, und es sind deshalb solche an Hand praktischer Ausführungen als Beispiele aufgenommen worden; dagegen wurde auf die Reproduktion von Reklamebildern verzichtet, ebenso auf „Rezept-Sammlungen", welche die Berechnung eines Motors „ohne Weiteres" gestatten.

Bei dieser Gelegenheit sage ich der Elektrizitäts-Actien-Gesellschaft vorm. Lahmeyer & Co. in Frankfurt a. M., der Aktien-Gesellschaft Siemens & Halske und insbesondere Herrn Ingenieur Alfred Kolben in Firma Elektrizitäts-Aktien-Gesellschaft vorm. Kolben & Co., Prag, für die liebenswürdige Ueberlassung von konstruktivem Material meinen verbindlichsten Dank.

Graphische Darstellungen sind durchweg bevorzugt worden, da der Techniker mit gutem Recht von allen Begriffen, mit denen er zu operieren hat, verlangt, dass sie greifbar und sinnlich wahrnehmbar erscheinen.

Aus diesem Grunde wurde die symbolische Rechnung mit komplexen Grössen — eine zwar geistreiche aber doch künstliche Schreibweise, welche die graphischen Methoden nicht ersetzen kann — weggelassen. Sie bietet dem Erfahrenen zwar den Vorzug, dass sie schwierigere Rechnungen vereinfacht, für den Anfänger aber ist sie wie ein Tunnel, der dem Fahrenden die Möglichkeit abschneidet, sich des Weges bewusst zu werden, auf dem er sich befindet.

Charlottenburg, im Februar 1903.

Dr. Paul Berkitz.

Inhalts-Verzeichnis.

Seite

Kapitel XII.

Berechnung eines Wechselstrommotors.

Kapitel XIII.

Anlauf-Vorrichtungen für Wechselstrommotoren.

Seite

Anhang.

Die Kreis-Diagramme des allgemeinen Transformators.

Einleitung.

Induktionsmotoren bestehen, wie fast alle Elektromotoren aus zwei Hauptteilen, einem feststehenden Gehäuse, dem Lauf*) und einem in diesem drehbar gelagerten „Läufer". Das wesentlich Charakteristische des Induktionsmotors ist, dass von diesen beiden Teilen nur der Wicklung des einen von aussen her Strom durch Leitung zugeführt wird, während die für den Betrieb in dem anderen Teil notwendigen Ströme durch „Induktion" auf ihn übertragen werden. Es findet also ein Vorgang statt, der dem in einem gewöhnlichen Transformator entspricht; ob dabei der feststehende Teil der induzierende oder primäre und der bewegliche Teil der induzierte oder sekundäre ist, ist theoretisch gleichgültig; in der Praxis werden beide Anordnungen benutzt, erstere findet allerdings häufiger Anwendung.

Die Möglichkeit durch Induktion elektrische Leistung zu übertragen besteht nur da, wo periodisch veränderlicher Magnetismus erzeugt werden kann; in technisch brauchbarer Form erreicht man das durch Anwendung von Wechselströmen, die infolgedessen bei Induktionsmotoren — wenigstens bisher — ausschliesslich in Frage kommen.

Man kann mit einfachem „einphasigen" Wechselstrom nur magnetische Felder erzeugen, deren Axen feststehen, während der magnetische Fluss hin- und herwogt. Kombiniert man dagegen mehrere Wechselströme von zeitlicher Phasenverschiebung, so kann man bei geeigneter Anordnung der Wicklung und richtiger Verteilung der Ströme zwei, drei oder mehr pulsierende Felder zu „Drehfeldern" zusammensetzen, deren magnetischer Gesamtfluss annähernd konstant

*) Vergl. E. T. Z. 1902, Seite 379.

bleibt, während die magnetische Axe sich dreht. Es ist wichtig, dass diese Zusammensetzung der Felder nicht durch die Form des „magnetischen Kreises“, durch den sich die Kraftlinien ja schliessen müssen, gestört werde; welche Stellung auch immer die Axe des resultierenden Feldes einnimmt, der „magnetische Widerstand“ nach dieser Axe gemessen soll gleich bleiben. Deshalb erhalten Induktionsmotoren nicht den für Gleichstrommotoren und Synchronmotoren üblichen Aufbau mit ausgeprägten Polen, sondern eine Anordnung, wie sie Fig. 1 im Schnitt darstellt.

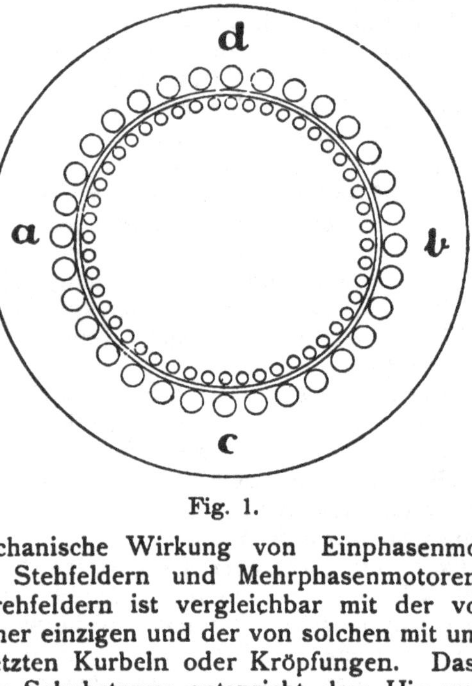

Fig. 1.

Die mechanische Wirkung von Einphasenmotoren mit pulsierenden Stehfeldern und Mehrphasenmotoren mit umlaufenden Drehfeldern ist vergleichbar mit der von Kurbelwellen mit einer einzigen und der von solchen mit um 90°, 120° u. s. w. versetzten Kurbeln oder Kröpfungen. Das Hin- und Hergehen der Schubstange entspricht dem Hin und Her des Wechselstromes, die Tangentialdrücke an den Kurbeln dem magnetischen Zug. Wie bei den Kurbeltrieben, so kann bei den Induktionsmotoren nach der Verstellung der „Phasen“ der Wechselströme eine Einteilung stattfinden in:

1. Drehstrommotoren (entsprechend der Dreikurbelwelle). Speisung des primären Teiles mit drei um 120°

gegen einander verschobenen Wechselströmen. [3 Zuleitungen. Anlauf unter Last ohne besondere Hülfsvorrichtung möglich.]

2. Zweiphasenmotoren (entsprechend der Zweikurbelwelle). Speisung des primären Teiles mit zwei um 90° gegen einander verschobenen Wechselströmen. [4 oder 3 Zuleitungen. Anlauf wie oben.]
3. Wechselstrommotoren (entsprechend der Einkurbelwelle). Speisung des primären Teiles mit einem einzigen Wechselstrom. [2 Zuleitungen. Anlauf auch ohne Belastung nicht ohne besondere Hülfsvorrichtung möglich. Leistung nur etwa 60% von der eines gleich grossen Drehstrom- oder Zweiphasenmotors.]

Die sekundären Teile dieser drei Arten von Motoren können gleichartig ausgeführt werden, z. B mit Dreiphasen- oder Zweiphasenwicklung (vgl. S. 101); die Sekundärwicklung muss beim Betrieb in sich natürlich derartig geschlossen sein, dass durch die auf sie wirkenden E. M. K. K. Ströme zum Fliessen gebracht werden. Am einfachsten lässt sich eine solche Wicklung aus graden Stäben herstellen, die man durch die Nuten steckt und auf beiden Stirnseiten durch Ringe von vernachlässigbar kleinem Widerstande verbindet. Einen Läufer, der so ausgeführt ist, nennt man „Käfiganker"*). Fig. 2 zeigt den Aufbau dieser Wicklung.

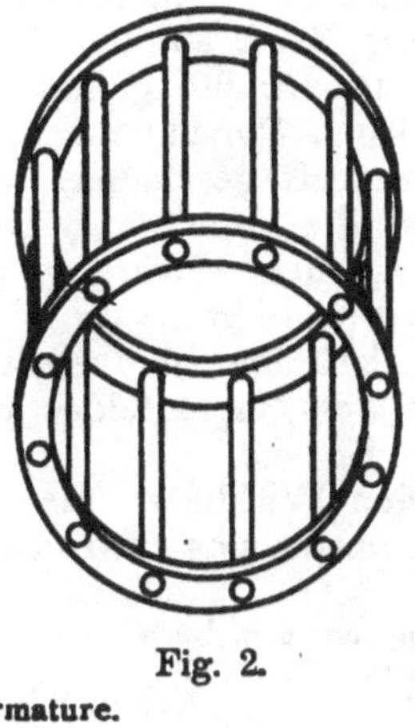

Fig. 2.

*) Squirrel cage armature.

Wir wollen einmal annehmen, wir hätten einen Drehstrommotor mit solchem Kurzschlussanker im Probierraum aufgestellt und speisten den primären Teil mit Drehstrom, so dass ein magnetisches Drehfeld entstünde, das im primären Teil mit U_1 Umdrehungen pro Sekunde umliefe. Wir beobachten dann, dass der Läufer sich im gleichen Drehsinn wie das Feld in Bewegung setzt und hinter ihm gewissermassen herläuft. Durch Messung stellen wir weiter fest, dass die Umdrehungszahl U_2 des Läufers etwas kleiner ist als U_1. Der Läufer hat eine „Schlüpfung" s, die in Prozenten von U_1 angegeben werden kann. Es ist daher

$$s = \frac{U_1 - U_2}{U_1} \cdot 100\,\%.$$

Denkt man sich,*) man bewege sich synchron mit dem Drehfeld und schaue den Läufer an, so wird man den Eindruck haben, dass der Läufer sich rückwärts an einem vorbei drehe. Diesem Eindruck folgend kann man zu einer Erklärung des Arbeitsvorganges im Motor kommen, die ausserordentlich einfach ist: man nimmt an, das magnetische Feld stehe still und der Läufer werde durch eine äussere Kraft — die der Belastung des Motors entspricht — rückwärts gedreht. Die am Umfang des Läufers angreifende Kraft des Magnetfeldes und die rückwärts drehende äussere Kraft müssen offenbar gleich gross sein; diese Kräfte entsprechen einem Drehmoment, das multipliziert mit der sekundlichen Umdrehungszahl die Leistung ergiebt, die die äussere Kraft auf den Läufer überträgt. Der Läufer arbeitet in dieser für ihn gedachten Situation wie der Anker einer gewöhnlichen Dynamomaschine; da er aber auf keinen äusseren Stromkreis geschaltet, sondern in sich geschlossen ist, so muss die von ihm in Elektrizität umgesetzte Leistung in seiner eigenen Wicklung verbraucht, d. i. in Stromwärme umgesetzt werden.

Die Grösse des Drehmomentes ergiebt sich andererseits auch aus der Stärke des Magnetfeldes und der Grösse der im Läufer fliessenden Ströme.

Das Feld das eine Wicklung, wie sie Fig. 3 zeigt, im Luftraum bei Drehstromspeisung zwischen Lauf und Läufer

*) Diese Darstellung ist dem Buch von G. Kapp über elektrische Kraftübertragung entnommen.

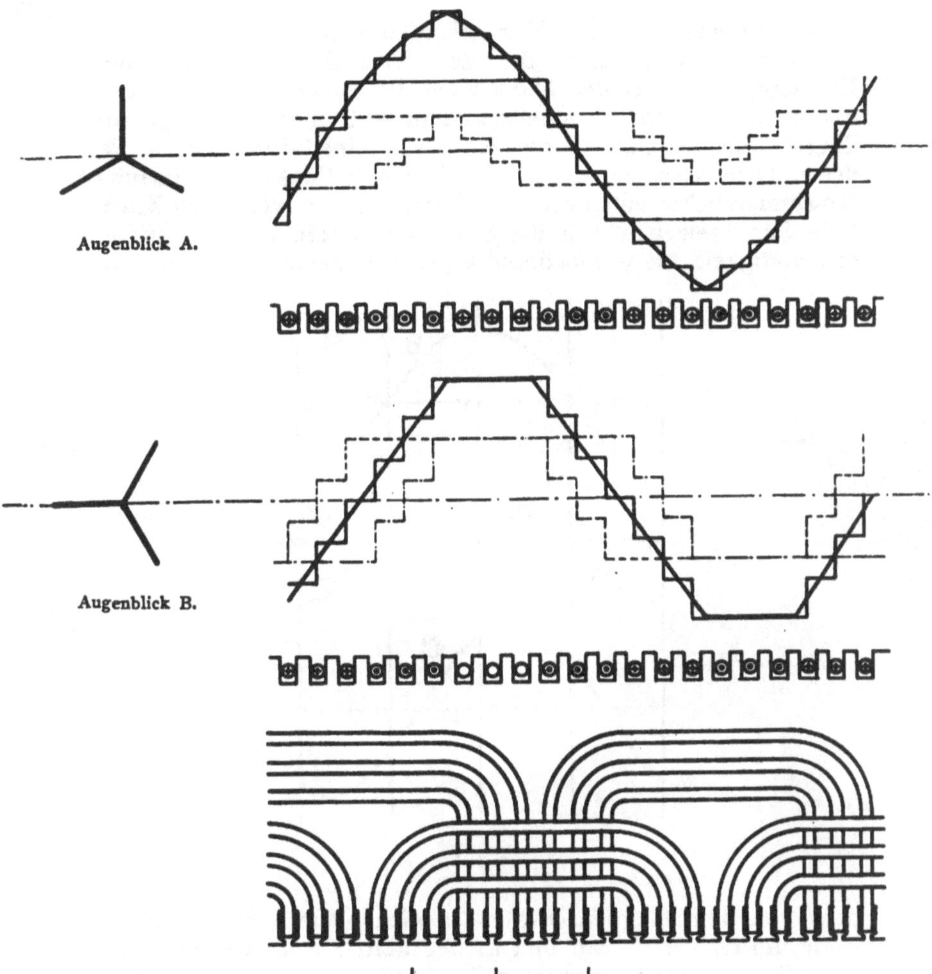

Phase I. Phase III. Phase II.

Fig. 3.

hervorruft, hat längs der Peripherie der Bohrung eine variable Stärke: die Kraftliniendichte schwankt zwischen einem Maximalwert $\mathfrak{B}$ max. und O. Es wird sich später Gelegenheit bieten, die Verteilung des magnetischen Flusses eingehender zu betrachten und wir werden sehen, dass man meist mit genügender Genauigkeit eine sinusartige Gestalt der Feldkurve annehmen kann. Wir zeichnen daher in Fig. 4 über der Linie a, c, b, d, a, die den Teil der Peripherie der Bohrung, der von der Mitte eines Poles bis zur Mitte des übernächsten Poles (doppelte Teilung = 2 τ) reicht, in geradliniger Abwicklung darstellen soll, eine Sinus-Kurve B, deren Ordinaten der an jedem einzelnen Punkt vorhandenen Kraftliniendichte entsprechen. Durch den so verteilten Kraftlinienfluss bewegen sich die Stäbe des Läufers mit einer Geschwindigkeit, die proportional s ist. Wir nehmen vorläufig an,

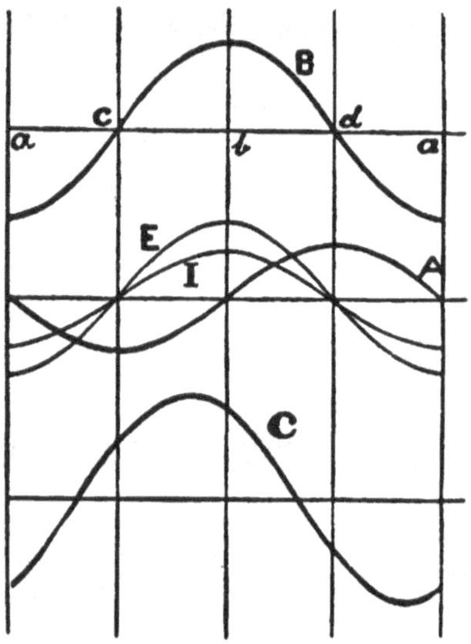

Fig. 4.

dass von dem magnetischen Fluss nichts durch den schmalen Luftraum zwischen Lauf und Läufer abirrt, dass vielmehr alle vom Primärsystem erzeugten Kraftlinien sich auch mit dem Sekundärsystem verschlingen, oder mit anderen Worten, dass keine Streuung vorhanden ist. Wir bilden uns in dieser Voraussetzung weiter die Vorstellung, dass alle Kraftlinien aus dem primärem Teil radial aus- und in den sekundären Teil radial eintreten. Bewegt sich nun ein Stab von a über b nach c u. s. w., so ergiebt sich für die in ihm auftretende Wechsel-E. M. K. die Kurve E; entsprechend E entsteht in jedem Stab des Käfigankers ein Wechsel-Strom, der durch die Kurve J dargestellt werden soll.

E. M. K. und Strom in den Stäben werden um so grösser sein, je schneller die Bewegung von a über c u. s. w. vor sich geht, d. h. je grösser die Umdrehungszahl des rückwärts gedrehten Ankers

$$U_1 - U_2$$

und daher die Schlüpfung ist. Mit zunehmender Stromstärke in den Stäben steigt aber auch das Drehmoment; es ergiebt sich also, dass zunehmende Schlüpfung Erhöhung des Drehmomentes bedeutet und umgekehrt.

Würde das Drehmoment auf den Wert 0 gebracht, so müsste auch die Schlüpfung 0 werden; dieser Zustand würde sehr nahe den Verhältnissen beim Leerlauf eines Drehstrommotors entsprechen; man sagt dann, man nähere sich dem „Synchronismus."

Für den Synchronismus ergiebt sich die Umdrehungszahl aus der Überlegung, dass das Drehfeld während einer Periode von einem Pol über den nächsten fort bis zum übernächsten eilt, dass also

$$\text{Halbe Polzahl} \times \text{Umdrehungszahl} = \text{Puls*)}$$

$$\text{d. i. Umdrehungszahl} = \frac{\text{Puls}}{\text{Zahl der Polpaare.}}$$

Hier ist die Umdrehungszahl auf die Sekunde bezogen, was dem praktischen Gebrauch nicht entspricht; in der Regel wird die Zahl der Umdrehungen pro Minute als Drehzahl angegeben. Wir schreiben daher

$$\text{Drehzahl} = \frac{\text{Puls} \times 60}{\text{Zahl der Polpaare}}$$

Die J-Kurve hat beim Käfiganker ausser der Eigenschaft, den periodischen Verlauf des Stromes in einem Stab darzustellen, noch eine andere wichtige Bedeutung; sie stellt nämlich auch die in jedem Augenblick vorhandene Stromverteilung in den einzelnen Stäben dar. Da die stromdurchflossenen Ankerstäbe ihrerseits natürlich auch magnetisierend wirken, so kann man aus der J-Kurve eine Kurve der Verteilung der magnetomotorischen Gegenkraft des Läufers konstruieren, die jener

*) Puls = Zahl der Perioden pro Sekunde nach Vorschlag von Prof. Görges.

ähnlich wird. Man findet, dass die M. M. K. des sekundären Teiles, wenn sie allein vorhanden wäre, ein Feld nach Kurve A hervorrufen würde, und wenn sie mit Feld B zugleich aufträte, sich mit diesem zu einer resultierenden zusammensetzen würde. Hier entsteht scheinbar ein Widerspruch, denn damit wäre ja unsere Voraussetzung, dass der Läufer nur unter dem Einflusse von B steht, gestört. In Wahrheit stellt sich indessen primär selbsttätig die Stromstärke so ein, dass das fiktive Feld A durch eine der Anker-M. M. K. gleiche, aber entgegengesetzt wirkende Komponente beseitigt wird. Für die primäre M. M. K. findet sich die Kurve C.*)

Alle diese Beziehungen bleiben ungeändert, wenn man die Annahme, dass das Drehfeld im Raum stille stünde, fallen lässt; an Stelle der rückwärts drehenden Kraft tritt nun einfach die Bremsbelastung, und das Produkt

$$U_2 \times \text{Drehmoment}$$

misst die mechanische Leistung des Läufers, der hinter dem Drehfeld her eilt.

Qualitativ wäre so ein für die Anschauung ausreichendes Bild vom Wesen des Induktionsmotors gewonnen; denn es entspricht auch das Verhalten der Abarten des Drehstrommotors dem oben geschilderten. Um den Vorgängen aber auch quantitativ folgen zu können, wie es für den Konstrukteur unerlässlich ist, ist eine Erweiterung und Vertiefung der bisherigen Betrachtungen erforderlich, zu der wir teilweis neue d. i. spezielle rechnerische Hülfsmittel brauchen. Die folgenden Seiten sollen hier einen Wegweiser bilden.

---

*) Die Kurven sind unter Annahme von Proportionalität für M. M. K. und Kraftliniendichte gezeichnet. Vgl. S. 24 unter 22.

Kapitel I.

Der allgemeine Wechselstromtransformator.

1. Die Grundlage eines sehr grossen Teiles der Aufgaben, die im Elektromaschinenbau den Ingenieur zu beschäftigen haben, liegt in der Behandlung des „Problems des allgemeinen Wechselstromtransformators“ mit grosser Streuung und verhältnismässig hoher Magnetisirungsstromstärke.

2. Ein sekundär offener Transformator nimmt primär gerade so viel Strom auf, als erforderlich ist, ein magnetisches Feld zu erzeugen, das ausreicht, um eine der Primärspannung entsprechende Gegen-E.M.K. zu induzieren, der „Spannung das Gleichgewicht zu halten“. Dieser Magnetisierungsstrom hat eine Phasennacheilung von 90^0 — abgesehen vorläufig von Hysterese und Wirbelströmen — er leistet keine Arbeit, ist also „wattlos“.

3. Bei sekundärer, induktionsfreier Belastung ($\cos \varphi = 1$), d. h. bei Einschaltung eines ohmischen Widerstandes, verringert sich der scheinbare Widerstand (Impedanz) des Transformators auf der Primärseite, der sich aus der magnetischen Wirkung und Rückwirkung von Primär- und Sekundärwicklung ergiebt, und es kann nun ein stärkerer Strom durch den Transformator fliessen, als bei Leerlauf. Nehmen wir zunächst der Einfachheit halber an, der von der Primärwicklung erzeugte magnetische Fluss durchsetze in seiner vollen Stärke die Sekundärwicklung, so haben wir den Vektor des Primärstromes aus zwei Komponenten zu bilden, deren eine den wattlosen Magnetisirungsstrom darstellt und hinter der Spannung um 90^0 zurückbleibt, während die andere dem Wattstrom entspricht, sich also in gleicher Phase mit der Spannung befindet. Wir finden daher den Vektor des Primärstromes für eine beliebig angenommene Belastung im Diagramm Fig. 5 in der Verbindung des Punktes A mit dem Nullpunkt und sehen, dass sich bei Veränderung der Belastung A auf der zum Spannungsvektor parallelen Graden $\overline{AD}$ verschieben würde. Die vom Transformator aufgenommene Leistung, im Folgenden kurz der Verbrauch genannt, ist gleich dem Produkt Wattkomponente mal Spannung oder als Formel geschrieben

$$A = EJ \cos \varphi. \qquad (1)$$

Es zeigt sich der Einfluss der Komponente des Magnetisirungsstromes also in einer Vergrösserung der primären Stromaufnahme; diese Vergrösserung ist aber nicht nur nutzlos in Bezug auf die Leistung, sondern geradezu schädlich, weil sie erhöhte Stromwärme hervorruft, Verstärkung der

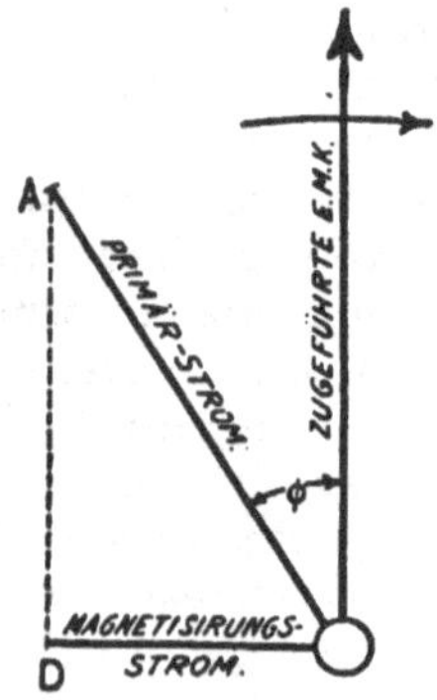

Fig. 5

Drahtquerschnitte bedingt und ungünstige Rückwirkung auf Netz und Generator verursacht. Daher muss man bestrebt sein, einen möglichst grossen Wert für den $\cos \varphi$ — diese Zahl wird meist „Leistungsfaktor" genannt — zu erreichen; ein erstes Mittel dazu ist Wahl eines niedrigen Magnetisierungsstromes.

4. Will man die Streuung berücksichtigen, so hat man das Diagramm zu ändern. Der gesamte, die Primärwicklung durchsetzende magnetische Fluss muss allerdings — bei Annahme sehr kleinen ohmischen Widerstandes — praktisch konstant bleiben, solange die Klemmenspannung nicht geändert wird (vgl. 2). Ein Teil dieses die Primärwicklung umschlingenden Flusses schliesst sich aber, ohne die Sekundärwicklung zu treffen; dieser Teil ist es, den wir im Allgemeinen „Streuung" nennen. Die Streuung entsteht unter dem Einfluss der primären magnetomotorischen Kraft, woraus folgt, dass das „primäre“ Streufeld den primären A.W. proportional ist (solange nicht die Eisensättigung Einfluss gewinnt).*) Es zeigt sich nun, dass durch Auftreten verschiedenartiger Teile für den die Primärwicklung durchsetzenden, an sich konstanten, magnetischen Fluss die Gültigkeit des einfachen Diagrammes Fig. 5 aufhört. Der geometrische Ort für A bleibt keine gerade Linie mehr, sondern wird zum Kreis über der Verlängerung von OD (Fig. 6). Es ist äusserst wichtig, sich den Beweis hierfür klar zu machen, da sich auf ihn alle weiteren Überlegungen gründen.

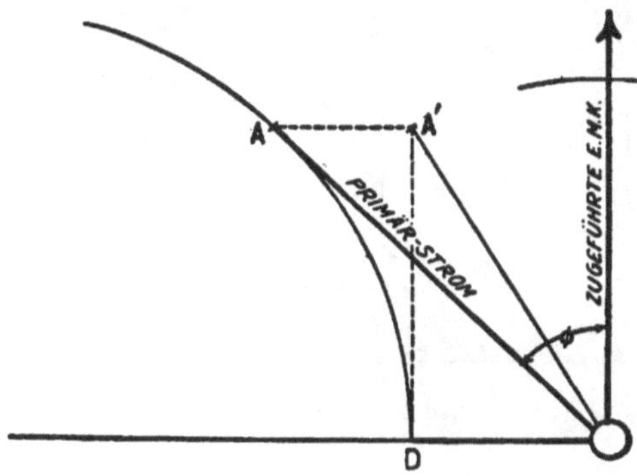

Fig. 6.

5. Fig. 7 zeigt die Verteilung des Magnetismus, wenn die Primärwicklung und die Sekundärwicklung von Strom durchflossen sind. Die primäre M.M.K. erzeugt den Gesamtkraftlinienfluss, von dem sich ein Teil, proportional und phasengleich mit ihm um das Primärsystem schlingt (Streuung); ein zweiter Teil erfährt unter dem Einfluss der Gegen-M.M.K. des Sekundärsystems, die natürlich proportional und phasengleich mit dem Sekundärstrom ist, eine „Abweisung“ und umschlingt gleichfalls nur das Primärsystem; der Rest endlich „verkettet“ das Primär- und Sekundärsystem. Diesen Rest nennen wir nützlichen Fluss oder „Hauptfluss“.

*) In diesem Falle wäre zur Beurteilung die Magnetisierungskurve für das betr. Eisenmaterial heranzuziehen. Vgl. S. 24 unter 22.

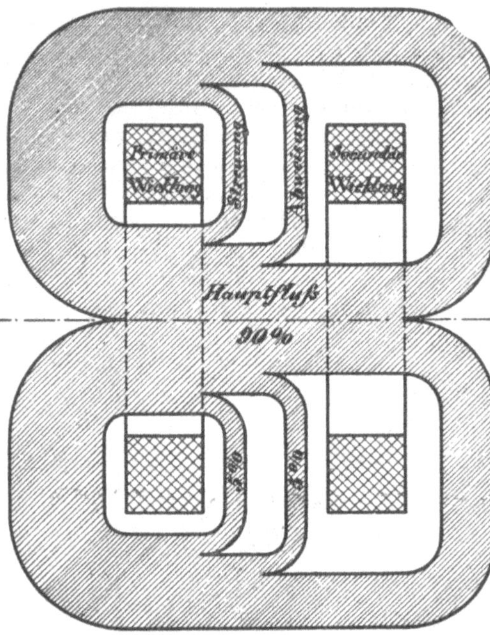
Primäre
Wicklung
Streuung
Secundäre
Wicklung
Hauptfluß
90%
5%
5%

Fig. 7.

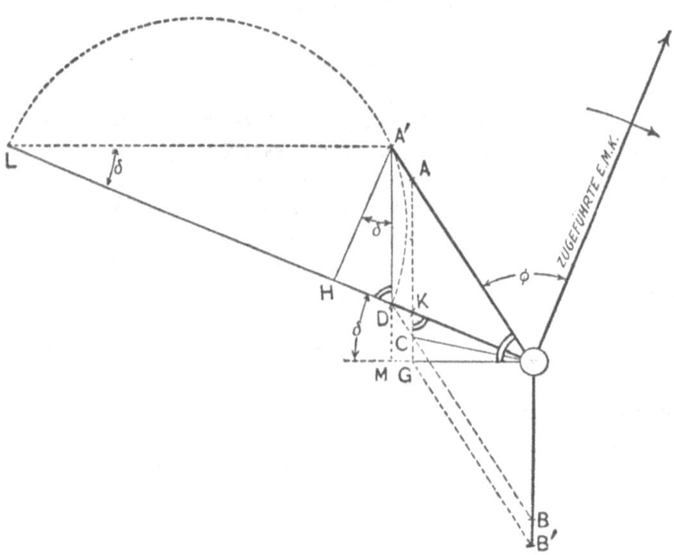
L
A'
A
δ
H
D
K
C
M
G
φ
ZUGEFÜHRTE E.M.K.
B
B'

Fig. 8.

Im Diagramm Fig. 8 entspricht der Vektor $\overline{OG}$ dem Hauptfluss, zu ihm addiert sich geometrisch in gleicher Phase mit der sekundären Gegen-M. M. K. $\overline{OB}$ und ihr proportional der abgewiesene Fluss II $\overline{GC}$ und ebenso entsprechend der primären M. M. K. $\overline{OA}$, der Streufluss $\overline{CD}$. Es resultiert daher der Vektor des das Primärsystem durchsetzenden Gesammtflusses $\overline{OD}$.

Anstatt die Vektoren der magnetischen Einzelflüsse zusammen zu setzen, kann man auch die Vektoren der magnetomotorischen Kräfte der graphischen Rechnung zu Grunde legen. Wäre $\overline{OA}$ proportional der primären und $\overline{OB'}$ der sekundären M.M.K., so ergäbe sich als Resultante beider $\overline{OG}$; da aber durch die sekundäre M. M. K. Abweisung verursacht wird, so wirkt diese Resultante als solche nur innerhalb des Sekundärsystems. In der Übergangsfuge zwischen Primär- und Sekundärwicklung dagegen macht sich auch noch der Streufluss, bestehend aus Streuung und Abweisung geltend. Man kann nun schreiben

„Abweisung“ $= \overline{CG} = \overline{BB'} \quad \overline{OB'} - \overline{BB'} = \upsilon_2\, OB'$

„Streuung“ $= \overline{DC} = \overline{AA'} \quad \overline{OA'} - \overline{AA'} = \upsilon_1\, OA'$

(wobei υ_1 und $\upsilon_2 < 1$.)

und sich die Vorstellung bilden, dass man, um die Abweisung zu kompensieren, die sekundäre M. M. K. um den Betrag $\overline{BB'}$ verringert, und so den Vektor $\overline{OB}$ erhält, oder was gleichbedeutend ist, dass man die Primär-M. M. K. um diesen Betrag vermehrt. Um die „Streuung“ zu decken, muss man weiter die Primär M. M. K. um $\overline{AA'}$ vergrössern — also den Vektor $\overline{OA}$ bilden. Sind die primäre und die sekundäre M. M. K. aber gegeben, so bleiben als für die Erzeugung des Hauptfeldes wirksame A. W. die Vektoren

$$\overline{OA'} - \overline{AA'} = \overline{OA}$$
$$\overline{OB'} - \overline{BB'} = \overline{OB}$$

(Der Studierende möge beachten, dass $\overline{OC} > \overline{OG}$ ist und prüfen, wie sich das Diagramm gestalten würde, wenn $\overline{BB} = 0$ wäre).

6. $\overline{OG}$ war der Vektor des Hauptflusses; hinter diesem um 90^0 verschoben muss nach bekanntem Gesetz der Vektor der sekundären E.M.K. liegen. $\overline{OB}$ steht also senkrecht auf $\overline{OG}$.

7. Aus dem Diagramm sollen zur besseren Übersicht noch folgende Beziehungen in Formeln abgelesen werden:*)

$\overline{OA}$ = magnetomotorische Kraft der Primärwicklung = X_1

$\overline{OB}$ = magnetomotorische Kraft der Sekundärwicklung = X_2

$$\overline{OA'} = \frac{X_1}{\upsilon_1}$$

$$\overline{OB'} = \frac{X_2}{\upsilon_2}$$

$$\overline{OA'} - \overline{OA} = X_1\left(\frac{1}{\upsilon_1} - 1\right)$$

$$\overline{OB'} - \overline{OB} = X_2\left(\frac{1}{\upsilon_2} - 1\right)$$

$\overline{OD}$ ist der Fluss, der der Klemmenspannung das Gleichgewicht hält ($\overline{OD}$ steht daher senkrecht auf dem Vektor der Primär-E. M. K.)

8. Es ist leicht einzusehen, dass, wenn der Ohm'sche Spannungsabfall ohne zu grosse Ungenauigkeit vernachlässigt werden kann, die primäre E. M. K. für alle Belastungen konstant gesetzt werden darf. Dann ergiebt sich aus Fig. 4

$$\sphericalangle HA'D = \sphericalangle HOG = \sphericalangle \delta$$

$$\sin \delta = \frac{\overline{GK}}{\overline{OK}} = \frac{\overline{CK} + \overline{CG}}{\overline{OK}}$$

$$\frac{CK}{CD} = \frac{A'D}{A'O}$$

$$\overline{CK} = \frac{\overline{A'D} \cdot \overline{CD}}{\overline{A'O}} = X_2\,(1 - \upsilon_1)$$

$$\overline{CG} = X_2\left(\frac{1}{\upsilon_2} - 1\right)$$

$\overline{OK} = \overline{OD}\ \upsilon_1$, daher

*) Die Entwicklung des Diagramms geschieht vielfach auf der Grundlage etwas anderer Anschauungen. Die Herausgeber schliessen sich hier aus naheliegenden Gründen der Auffassung des amerikanischen Originals so weit als irgend möglich an. Es kann dies für den vorliegenden Zweck auch unbedenklich geschehen, weil die bekannten abweichenden Darstellungen zu praktisch bedeutsamen Änderungen der Resultate nicht führen.

$$sin\,\delta = \frac{X_2}{\overline{OD}}\;\frac{\left(1-\upsilon_1+\frac{1}{\upsilon_2}-1\right)}{\upsilon_1} = \frac{X_2}{\overline{OD}}\left(\frac{1}{\upsilon_1\upsilon_2}-1\right) = X_2\,\text{const.}$$

d. h. $sin\,\delta$ ist proportional $\overline{A'D}$ (bezgl. X_2), X_2 ist also darstellbar als Sehne in einem Halbkreis vom Durchmesser $\overline{LD}$, wobei

$$\overline{LD} = \overline{OD}\left(\frac{1}{\upsilon_1\upsilon_2}-1\right)$$

Will man X_2 direkt aus dem Kreisdiagramm ablesen, ohne erst mit υ_2 multiplicieren zu müssen, so kann man den Halbkreis um $\overline{DK}$ verschieben, so dass er nun durch A und K geht.

9. Daraus, dass A' sich auf einem Kreise verschiebt, folgt, dass $\overline{OA}$ niemals über eine gewisse Grenze — $\overline{OL} = J_1\,max$ — hinaus wachsen kann. $J_1\,max$ würde eintreten, wenn das Sekundärsystem an sich widerstandslos wäre und durch einen unendlich kleinen Widerstand, d. h. „kurz" geschlossen würde. Wir nennen daher $J_1\,max$ die theoretische Kurzschluss-Stromstärke.

Bei einem solchen Kurzschluss würden $\overline{CD}$ und $\overline{OG}$ in die gleiche Richtung mit $\overline{OL}$ fallen und gleich $\overline{OD}$ werden, d. h. Streuung und Abweisung würden allein den Fluss bilden, der der Klemmenspannung das Gleichgewicht hält, ein Hauptfluss käme nicht zu Stande. $\overline{OD}$ stellt den grössten, bei einer gegebenen Spannung auftretenden Streufluss dar.*)

Ist $\overline{OD}$ und $\overline{OL}$ gegeben, so lässt sich das ganze Diagramm Fig. 8 konstruieren. $\overline{OD}$ kann rechnerisch gefunden werden. Ist nun das Verhältnis $\frac{\overline{OD}}{\overline{OL}}$ bekannt, so ist das Weitere leicht; dies Verhältnis ist also sehr interessant. Man nennt es „Streufaktor" σ. Nach 8 ist

$$\sigma = \frac{\overline{OD}}{\overline{OL}} = \frac{1}{\upsilon_1\,\upsilon_2} - 1 \qquad (2)$$

Der Streufaktor ist die wichtigste Grösse in der Behandlung des Transformators; der Erfolg einer Konstruktion hängt wesentlich davon ab, ob es gelingt, ihn auf ein Minimum

*) Diesen Zusammenhang hat zuerst Heyland klargestellt.

herunter zu drücken. Die Berechnung von σ wird in Kapitel III und IV besprochen werden.

10. Zur Verifikation der vorstehenden kurzen, theoretischen Überlegungen werden in der folgenden Tabelle einige Versuchsdaten angeführt, die an einem Drehstrommotor mit fest gebremstem Läufer aufgenommen wurden. Bei dieser Anordnung arbeitet der Motor als gewöhnlicher Transformator mit grosser Streuung.

Der Lauf*) hatte 36 geschlossene Nuten mit je 7 Leitern; der Widerstand betrug pro Phase 0,045 Ohm. Der Läufer hatte 90 runde Löcher mit je 3 Leitern. Der Widerstand pro Phase betrug 0,172 Ohm. Polzahl: 6. Puls: 48.**)

Primärer Stromkreis			Sekundärer Stromkreis		
Volt pro Phase	Ampère	Watt	Volt pro Phase	Ampère	Watt
97,5	14,3	1010	94	0	0
110	29	7400	102	16,6	5080
110	41,5	11000	100	31	9030
110	59,5	16400	95	46	13110
110	91	24400	79	80	18960
110	115	28000	70	97	20370

11. Fig. 9 zeigt die graphische Darstellung der Versuchsergebnisse. Man sieht, dass die beobachteten Punkte ziemlich genau auf einem Kreisbogen liegen, der ein J_{max} von 168 Amp. angiebt. Neben den Punkten stehen die primären und sekundären Stromstärken verzeichnet; die sekundären sind dem Diagramme entnommen. Die Übereinstimmung mit den Versuchsergebnissen kann als befriedigend angesehen werden.

12. Der Wert υ_1 kann für Leerlauf mit Hülfe der Tabelle berechnet werden. Einer Spannung von 97,5 Volt würde, wenn keine Streuung vorhanden wäre, sekundär bei offenem Stromkreise eine Spannung von $\frac{90 \times 3}{36 \times 7} \cdot 97.5 = 104,5$ Volt entsprechen. Es ist jedoch nur eine Spannung von 94 Volt beobachtet worden. Daraus folgt

$$\upsilon_1 = \frac{94}{104,5} = 0,90.$$

*) Lauf = Stator, s. Fussnote S. 1.

**) Puls = Zahl der Perioden pro Secunde, s. Fussnote S. 7.

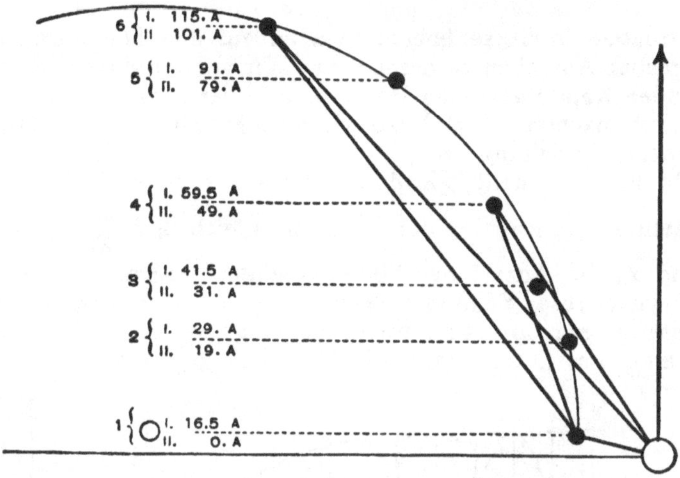

Fig. 9.

13. Man würde aber einen grossen Irrtum begehen, wenn man annähme, dass hiernach ein Wert für den Streufaktor gefunden werden könnte, dessen Grösse für jede beliebige Belastung zuträfe; im vorliegenden Falle — geschlossene Nuten auf Lauf und Läufer — hängt die Grösse von ν_1 sehr von der Sättigung der dünnen Eisenstege ab, welche die Nuten schliessen. Die Sättigung der Eisenstege ist eine Funktion der Stromstärken; erst wenn der Strom eine gewisse Grenze überschreitet, so ist ν_1 und daher auch σ in Wirklichkeit konstant.

Wird angenommen ν_1 sei gleich ν_2*), so erhält man

$$\frac{1}{0{,}90 \cdot 0{,}90} - 1 = 0{,}235 \text{ statt } \frac{16{,}5}{168} = 0{,}098,$$

wie man mit Rücksicht auf das Diagramm annehmen sollte.

14. Es ist noch zu beachten, dass in dem Diagramm der primäre Ohm'sche Widerstand nicht berücksichtigt ist. Da dieser Punkt theoretisch und praktisch bedeutungsvoll werden kann, so muss unter Umständen auf seine Behandlung eingegangen werden. Diese Aufgabe wird später erledigt werden.

15. In dem Diagramm haben wir jetzt ein Mittel, die „elektrischen und magnetischen" Grössen, soweit sie für den

---

*) Das ist thatsächlich meist angenähert der Fall, weil fast gleiche Kraftlinienpfade in Frage kommen; die Differenzen sind etwa von der Grössenordnung 10%.

Konstrukteur Interesse haben, in allen auf den Transformator bezüglichen Aufgaben zu berechnen. Wir werden davon in den folgenden Kapiteln an der Hand praktischer Beispiele vielfach Gebrauch machen. Hier lesen wir zunächst noch eine wichtige allgemeine Beziehung ab.

In Fig. 10 stellt $\overline{OA}$ den Primärstrom J_1 und $\overline{OD}$ den Magnetisierungsstrom J_0 dar. $\overline{AD}$ ist gleich $\upsilon_1 J_2 \frac{Z_2}{Z_1}$, wobei Z_1 und Z_2 die Anzahl der hinter einander geschalteten Leiter der Primär- resp. Sekundär-Wicklung pro Phase sind.*) Die kleinste erreichbare Phasenverschiebung φ_0 ist durch die Tangente von O an den Kreis über $\overline{LD}$ gegeben.

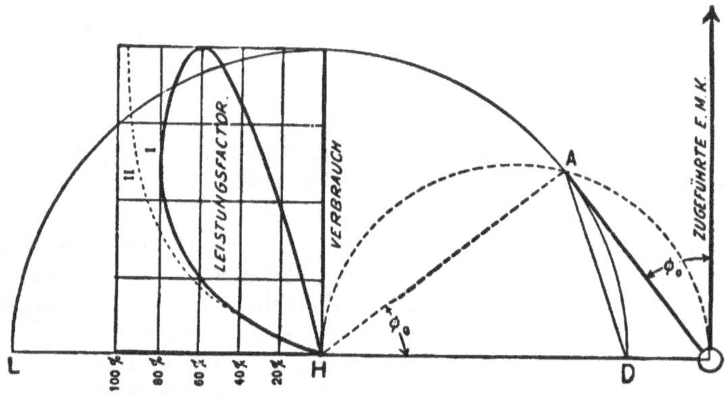

Fig. 10.

Der Cosinus dieses Winkels kann wie folgt berechnet werden:

$$\overline{HA} = \overline{HD} = \frac{J_0}{2\sigma}$$

$$\cos\varphi_0 = \frac{\overline{HA}}{\overline{HO}} = \frac{J_0}{2\sigma\left(J_0 + \frac{J_0}{2\sigma}\right)}$$

$$\cos\varphi_0 = \frac{1}{2\sigma\left(1 + \frac{1}{2\sigma}\right)}$$

*) Vorausgesetzt ist gleichartige Wicklung beider Teile.

$$\cos\varphi_0 = \frac{1}{2\sigma + 1} \quad . \quad . \quad . \quad . \quad . \quad . \quad (3)$$

Nach dieser Gleichung lässt sich der bei gegebenem Streufaktor erreichbare grösste Leistungsfaktor auch rechnerisch bestimmen.

16. Die ausgezogene Kurve I höherer Ordnung in Fig. 10, die sich ohne Weiteres aus dem Kreisdiagramm umzeichnen lässt, stellt den Leistungsfaktor als Funktion des Verbrauches dar. Die punktierte Kurve II würde dem Leistungsfaktor eines Transformators ohne Streuung entsprechen.

Kapitel II.

A. Die Gestaltung des magnetischen Feldes bei einem Drehstrommotor.

17. Das magnetische Feld eines Dreiphasenmotors wird durch drei Wickelungen I, II und III erzeugt (Fig. 11). Ist der Strom z. B. in der Wickelung III im Maximum und ändern sich die Ströme der einzelnen Phasen nach der Sinuskurve, so ist im gleichen Augenblick jeder der Ströme in den Wickelungen I und II gerade halb so gross als der in der Wickelung III. Die M. M. K. jeder Phase ist durch die Kurven I, II und III bestimmt, von denen die einzelnen Ordinaten die M. M. K. K. angeben, die an irgend einer Stelle des Umfanges vorhanden sind. Durch Addition der drei Kurven ergiebt sich die in Fig. 11 unten gezeichnete starke sich der Sinusform nähernde Linie. Wenn der magnetische Widerstand in radialer Richtung gemessen an jedem Punkte des Umfanges derselbe, das Eisen also auch nur schwach gesättigt ist, so ist der durch die M.M.K. erzeugte Kraftfluss der M.M.K. proportional. Dann könnte also die starke Kurve auch als ein Schaubild für die Verteilung des Magnetismus angesehen werden. Wenn an Stelle des beschriebenen Augenblicks die Beobachtung in einem anderen Momente gemacht wird, so erhält man ein etwas anderes Bild der Kraftliniendichten, aber die Abweichungen sind nicht allzu gross und kompensieren sich zum Teil, so dass eine nennenswerte Veränderung der Gesammtzahl der Kraftlinien M nicht stattfindet. Wir nehmen deshalb zunächst vereinfachend an, dass die Verteilung von M längs der Peripherie des Laufs einem Sinusgesetz entspreche. Verwirklichen könnten wir allerdings diese Annahme nur, wenn wir von der Darstellung der Figur abweichend die Spulen in unendlich viele Nuten verteilen würden, was natürlich aus Herstellungsrücksichten praktisch nicht möglich ist. Wir dürfen aber, was schon in der Einleitung hervorgehoben wurde, diese vereinfachende Annahme, die wie Fig. 12 zeigt, der Wahrheit nahe bleibt, erfahrungsgemäss machen, ohne dadurch allzu grobe Fehler einzuschleppen.

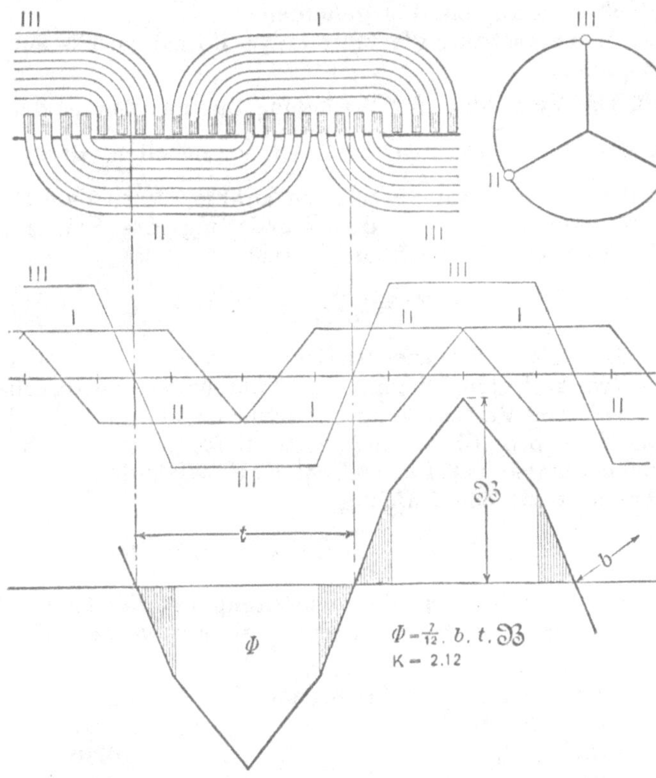

Fig. 11.

Wir wollen nun die E. M. K. berechnen, die durch einen solchen sinusartig verteilten Fluss in den drei Phasen induziert wird.

18. Es ist offensichtlich, dass, wenn die Drähte einer Phase alle je in nur einer Nut lägen, das sinoidale, wandernde Feld ein E. M. K. pro Phase inducieren würde:

$$E.M.K. = \frac{\pi}{\sqrt{2}} n z_1 M_1 10^{-8}$$

wobei n = Puls, z_1 = Zahl der hintereinander geschalteten Drähte pro Phase, M_1 = primärer Magnetfluss.

Diese Formel ergäbe die Phasenspannung, d. i. bei Sternschaltung die „Sternspannung“; die Klemmenspannung würde durch Multiplication mit $\sqrt{3}$ gefunden.

Bei Dreieckschaltung*) führt obige Formel direkt auf die Klemmspannung.

19. Die Verteilung der Wickelung bedingt eine Änderung der Konstanten $\frac{\pi}{\sqrt{2}}$; man hat sich vorzustellen, dass zwar immer die in einer Nut vereinigten Drähte, deren Zahl z' genannt werden möge, bei der Wanderung des Feldes eine E. M. K. erhalten, die nach der Formel

$$E.M.K.' = \frac{\pi}{\sqrt{2}} n z_1 M_1 10^{-8}$$

zu berechnen ist, dass aber zwischen den E. M. K. K. der in verschiedenen Nuten liegenden Drahtbündel entsprechend ihrer räumlichen Verschiebung ein zeitlicher Phasenunterschied besteht. Die pro Phase induzierte E. M. K. ist durch die vektorielle Summe der Einzel-E. M. K. K. zu finden.

Man schreibt daher richtig

$$E.M.K. = \frac{\pi}{\sqrt{2}} \beta n z_1 M_1 10^{-8} \qquad (4)$$

wo β ein Factor ist, der die Ausbreitung der Wickelung berücksichtigt und „Breitenkoefficient“ genannt werden möge.

Dieser Koefficient ist bei

einer Nute pro Phase und Pol . .	1
zwei Nuten „ „ „ „ . .	0,97
drei „ „ „ „ „ . .	0,96
vier „ „ „ „ „ . .	0,95

Für zwei Nuten pro Pol und Phase ist z. B. der räumliche Verschiebungswinkel, wenn man zwischen der Mittellinie eines Poles und der des übernächsten Poles (doppelte Teilung) 360° annimmt,

$$\psi = \frac{360}{2 \cdot 2 \cdot 3} = 30^0$$

*) Vgl. S. 105, unter 125.

Danach haben auch die E. M. K. K'. 30^0 Phasenverschiebung und der Breitencoefficient ergiebt sich aus Fig. 12.

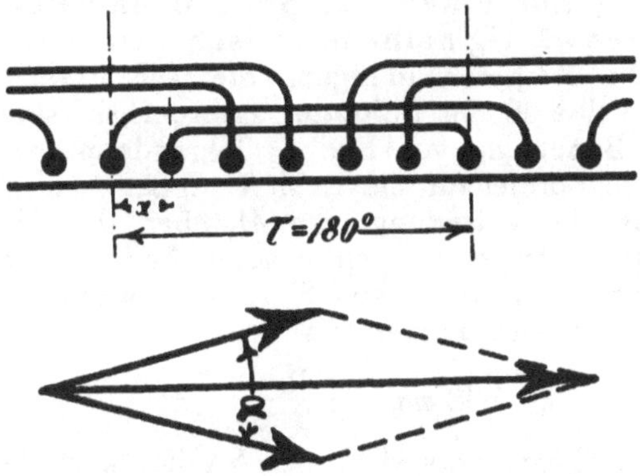

Fig. 12.

Die E. M. K. für die in Fig. 11 dargestellte Wicklung ist also, da hier pro Pol und Phase 4 Nuten vorgesehen sind

$$E.M.K._1 = 0{,}95 \cdot 2{,}22\, n\, z_1\, M_1\, 10^{-8} = 2{,}12\, n\, z_1\, M_1\, 10^{-8} \quad (5)$$

20. Es ist noch hervorzuheben, dass eine in eine einzige Nut pro Pol zusammengedrängte Wicklung wie in Fig. 13, wenn sie vom Strom durchflossen würde, eine Verteilung des magnetischen Druckes von fast rechteckiger Gestalt, wie sie in der Figur gezeichnet ist, geben würde. Der gesamte magnetische Druck wäre also etwa doppelt so gross, als der einer ganz ausgebreiteten Wicklung. Dieser Unterschied in

Fig. 13.

der Gestaltung des Kraftlinienbildes ist weniger wichtig für die Berechnung der Grösse des Magnetismus als für die Beurteilung der Streuung und der durch diese induzierten E. M. K. der „Selbstinduktion"; bei einer Wicklung in einfachen Nuten wird die E. M. K. der Streuung wesentlich grösser als bei einer verteilten Wicklung (vgl. Kap. III § 32). Die Anordnung nur einer Nut pro Pol und Phase findet daher gegenwärtig keine praktische Anwendung mehr.

21. Die Ampèrewindungen, die zur Erzeugung einer Kraftliniendichte $\mathfrak{B}$ im Luftraum erforderlich sind, ergeben sich unter Benutzung von Fig. 11 folgendermassen:

Aus der Formel für die E. M. K. findet man M_1, d. i. den Gesamtfluss; die Verteilung von M_1 über den Polbogen ist bei praktischen Motoren nach unserer Annahme eine sinusartige. Der Maximalwert von $\mathfrak{B}$ ist also, wenn τ = Polbogen und B = Länge des aktiven Eisens

$$\mathfrak{B}\,max = \frac{M_1}{B\,\tau}\;\frac{\pi}{2}$$

Diesem $\mathfrak{B}\,max$ entspricht der Maximalwert der Ampèrewindungen

$$2^{*})\;\; 0{,}4\,\pi\,\zeta\,J_\mu\,\sqrt{2} = 2\,d\,\mathfrak{B}\,max,$$

worin d = radialer Abstand von Lauf und Läufer, J_0 = Stromstärke pro Phase und ζ die Zahl der Drähte einer Phase pro Pol ist und der Faktor 2 das Zusammenwirken der drei Phasen berücksichtigt. Aus der Gleichung folgt, dass

$$J_\mu = \frac{d\,\mathfrak{B}\,max}{0{,}4\,\pi\,\zeta\,\sqrt{2}}\ \text{Ampère.} \qquad (6)$$

Hierbei ist der magnetische Widerstand des Eisens vernachlässigt.

22. Wenn infolge höherer Beanspruchung der magnetische Widerstand des Eisens nicht mehr vernachlässigt werden darf, so muss der für seine Überwindung erforderliche Betrag von Ampèrewindungen an der Hand von Magnetisierungskurven ermittelt werden. Hierbei ist zu beachten, dass die Verteilung der Kraftlinien in den Zähnen des Laufs und des Läufers ungefähr der im Luftraum entspricht; in den Kränzen ist dagegen die Verteilung nicht

---

*) Andere Autoren setzen hierfür die Zahl 1,865 um die Schwankungen des Feldes zu berücksichtigen. (Vgl. Kapp u A) Dieser Wert wird auch in diesem Buch später benutzt werden. Der Faktor 1,865 ist der Mittelwert zwischen 2 und 1,73 den Grenzen, zwischen denen der Maximalwert der Resultante aus den M. M. K. K. der drei Phasen schwankt. Die Resultante wird zur Ermittlung dieser Zahl für jeden Augenblick in gleicher Weise wie in Fig. 11 bestimmt.

mehr sinoidal, sondern annähernd gleichförmig. Wichtig ist es ferner, darauf zu achten, dass man für gewöhnlich mit $\mathfrak{B}$ *max* in den Zähnen nicht zu hoch gehen kann, höchstens etwa bis 15 000, weil sonst mit Rücksicht auf die für die Zähne erforderlichen A. W. der Magnetisierungsstrom unverhältnismässig steigt und der Leistungsfaktor schlecht wird. *)

B. Die Anwendung der Formeln für den allgemeinen Transformator auf den Drehstrommotor.

23. Es ist nun zu prüfen, ob die Theorie des allgemeinen Wechselstromtransformators auch dann für den Drehstrommotor anwendbar bleibt, wenn dieser läuft; für den stillstehenden Motor ist das selbstverständlich.

Bewegt sich der Anker synchron mit dem Drehfeld, so ist seine Umdrehungszahl proportional dem Puls des zugeführten Primärstromes n_1. Läuft der Anker langsamer um, als das Feld, so dass der Unterschied proportional $n_1 - n_2$ ist, so wird eine E. M. K. in seiner Wicklung entsprechend $n_1 - n_2$ induciert. Hat die in sich geschlossene Ankerwicklung pro Phase einen Widerstand w_2, so fliesst pro Phase unter dem Einfluss der E. M. K. ein Strom proportional $\frac{n_1 - n_2}{w_2}$
Ein gleicher Strom würde in einem Transformator bei ruhender Sekundärwicklung entstehen, wenn diese auf einen Widerstand geschaltet würde, der so abzumessen wäre, dass die Gleichung Geltung hätte:

$$\frac{n_1}{w} = \frac{n_1 - n_2}{w_2} \qquad (7)$$

wobei w den inneren und äusseren Widerstand des Sekundärstromkreises des Vergleichs - Transformators bedeuten soll; denn es ist n_1 proportional der E. M. K. am Sekundärsystem des ruhenden Transformators, $n_1 - n_2$ proportional der E. M. K. am Sekundärsystem des Motors. Irgend ein Arbeitszustand des Motors entspricht also hinsichtlich der Ströme und daher auch des unter dem Einfluss derselben entstehenden Magnetismus —

*) Der Leerlaufstrom folgt aus dem Magnetisierungsstrom J_μ und dem Wattstrom für die Leerlaufsverluste J_h durch geometrische Addition nach

$$J_o = \sqrt{J_\mu^2 + J_h^2}$$

sowohl Hauptfluss, als auch Streuung und Abweisung — dem Verhalten eines ruhenden Transformators von bestimmtem sekundärem Widerstand; für beide gilt ein und dasselbe Kreisdiagramm. Aendert sich die Umdrehungszahl des Motors, so kann die Gültigkeit einer einmal gezeichneten Figur dadurch wieder hergestellt werden, dass man den Sekundärwiderstand des Motors so reguliert, dass die Gleichung

$$\frac{n_1}{w} = \frac{n_1 - n_2}{w_2}$$

richtig bleibt. Reguliert man dagegen nicht, so tritt eine Veränderung der Stromverhältnisse, also eine Verschiebung der Figur ein; jetzt muss der Sekundärwiderstand des Vergleichstransformators obiger Gleichung entsprechend abgeändert werden. In jedem Falle gelingt es aber, das Diagramm ebenso gut für einen ruhenden Transformator, wie für einen laufenden Motor anwendbar zu machen.

24. Das Drehmoment.

Es werde auf Grund von **23** daher zunächst, wie in der Einleitung S. 4 angenommen, das Drehfeld stehe still und der Läufer werde gegen dasselbe mit einer Winkelgeschwindigkeit von $\omega_1 - \omega_2$ gedreht, dann ist bei Vernachlässigung der Reibung und der Eisenverluste auf dem Kern des sekundären Kreises, wenn D das Drehmoment in *mkg* ist, Drehmoment secundl. Umdrehungszahl = Stromwärme im Läufer:

$$9{,}81\, D\, (\omega_1 - \omega_2) = 3\, J_2^2 \cdot w_2.$$

J_2 bezeichnet hier den effektiven Strom in jeder der drei Phasen des Ankers und w_2 den Widerstand jeder einzelnen Phase.

Man hat ferner $\omega_1 = \frac{2\,\pi\, n_1}{p}$ wenn p die Anzahl der Polpaare ist, und schliesslich ist $9{,}81 \cdot D \cdot \omega_2 = A_2$ Watt.

Aus diesen Gleichungen folgt

$$9{,}81\, D \left(2\,\pi\, \frac{n_1}{p} - \omega_2\right) = 3\, J_2^2\, w_2$$

$$9{,}81 \cdot 2\,\pi\, D\, \frac{n_1}{p} - A_2 = 3\, J_2^2\, w_2$$

$$61{,}6\, D = \frac{p}{n_1}\, (3\, J_2^2\, w_2 + A_2). \qquad (8)$$

Das Drehmoment ist daher proportional der algebraischen Summe, aus der mechanischen und der im Anker verloren gehenden Leistung; es ist unabhängig vom sekundären Puls.

25. Das Anlaufsmoment (die Zugkraft).

Beim Anlaufen ist im ersten Augenblick A_2 gleich Null. Die ganze dem Motor zugeführte Arbeit wird daher in Wärme umgesetzt, und es muss $\frac{3\,(J_1^2 w_1 + J_2^2 w_2)}{E_1}$ gleich der Wattkomponente des primären Stromes, also gleich der Ordinate die in unserem Kreisdiagramm vom Kreisbogen abgeschnitten wird, sein.

Wenn w_1 und w_2 bekannt sind, kann diese Ordinate berechnet und der Punkt des Kreises, welcher dem jeweiligen Fall entspricht, leicht gefunden werden. Ein Blick auf das Diagramm zeigt, dass bei Anlauf jedes Drehmoment erreichbar ist, dass der laufende Motor durchziehen kann, aber der Anlaufsstrom wird immer mindestens gleich dem Strom sein, der bei normalem Gang eintreten würde, und kann niemals kleiner sein, es sei denn, der Motor werde unter anormalen Bedingungen (erhöhte oder erniedrigte Spannung) angelassen.

26. Der Wirkungsgrad.

Der Verbrauch des Motors kann bei Vernachlässigung der Reibung und der Eisenverluste aus dem Diagramm abgelesen werden. Wenn E_1 die primäre Spannung pro Phase ist und J_1 der Strom jeder Phase, so hat man für den Verbrauch

$$A_{Watt} = 3\,E_1\,J_1 \cos\varphi.$$

Um den Verbrauch genauer zu erhalten, hat man die Eisen-Verluste, die Reibungs-Verluste und eventuell die zusätzlichen Verluste bei Belastung hinzuzufügen. Hysteresis- und Wirbelstrom-Verluste können für praktische Zwecke als bei jeder Belastung constant angenommen und an der Hand empirischer Kurven ermittelt werden.*)

Werden die Eisenverlustkurven durch Messung an gewöhnlichen Transformatoren ermittelt, so müssen die einzelnen Verlustzahlen bei der Anwendung auf Motoren um 50—100% vergrössert werden. Der Grund dafür liegt hauptsächlich darin, dass bei Berechnung des magnetischen Kreises das $\mathfrak{B}_{max}$ für die einzelnen Querschnitte fast nie korrekt bestimmt

---

*) Derartige Kurven giebt Fig. 29a u. 29b auf S. 65 u. 66; es ist bisher unmöglich an die Stelle der Kurven ein in eine einfache Formel zu kleidendes Gesetz zu setzen; man entbehrt übrigens ein solches nur selten, wenn man einmal an die Kurven gewöhnt ist.

wird. Einige andere Umstände, die auch Erhöhung der Eisenverluste beim Motor bedingen, werden noch an anderer Stelle erwähnt werden.

Es ergiebt sich dann für die Leistung:

$$A_2 = 3\,E_1 J_1 \cos\varphi - 3 J_1^2 w_1 - 3 J_2^2 w_2 - F - Q \qquad (10)$$

worin F der Verlust durch Luft und Lagerreibung in Watt und Q der Verlust durch Hysteresis und Wirbelströme ist.

Der Wirkungsgrad ist

$$\eta = \frac{A_2}{3\,E_1 J_1 \cos\varphi.} \qquad (11)$$

27. Somit sind die wichtigsten Formeln für die Konstruktion des Drehstrommotors bestimmt. Zur besseren Übersicht stellen wir sie hier noch einmal zusammen:

Der maximale Leistungs-Faktor ist

$$(3) \qquad \cos\varphi\ max = \frac{1}{2\sigma + 1}$$

Der magnetische Gesammtfluss ist

$$(5) \qquad M_1 = \frac{E_1 \cdot 10^{-8}}{2{,}22\,\beta \cdot z_1 \cdot n} \quad [E_1 = \text{Phasenspannung!}]$$

Der Magnetisierungsstrom ist

$$(6) \quad J_\mu = \frac{\zeta\, d\,\mathfrak{B}}{0{,}4\,\pi\,\zeta\,\sqrt{2}} \text{ oder nach Anderen } \frac{2\,d\,\mathfrak{B}}{1{,}865 \cdot 0{,}4\,\pi\,\zeta\,\sqrt{2}} \text{*)}$$

Die Schlüpfung wird leicht gefunden nach

$$(7) \qquad \frac{n_1}{w} = \frac{n_1 - n_2}{w_2}$$

$$\frac{n_2}{n_1} = \frac{(w - w_2)}{w} \qquad s = \frac{3 J_2^2 w_2}{A_2 + 3 J_2^2 w_2}$$

Das Drehmoment

$$(8) \qquad 61{,}6\,D = \frac{p}{n_1}\,(3 J_2^2 w_2 + A_2)$$

Der Verbrauch ist

$$(9) \qquad A\ watt = 3\,E_1 J_1 \cos\varphi$$

Die (abgegebene) Leistung

$$(10) \quad A_2 = 3\,E_1 J_1 \cos\varphi - 3 J_1^2 w_1 - 3 J_2^2 w_2 - F - Q \text{ **)}$$

Der Wirkungsgrad ist

$$(11) \qquad \eta = \frac{A_2}{3\,E_1 J_1 \cos\varphi}$$

*) Werden die erforderlichen Ampèrewindungen in den in **22** angegebenen Fällen nach der Hopkinsonschen Methode bestimmt, so ist zu schreiben

$$J_\mu = \frac{AW}{1{,}865\,\zeta\,\sqrt{2}}$$

**) E_1 = Phasenspannung, J_1 = Strom pro Phase im Motor; bei Sternschaltung ist J_1 gleich dem von aussen zufliessenden Strom, bei Dreieckschaltung gleich dem $\sqrt{3}$-ten Teile des zugeführten Stromes.

Kapitel III.

Der Kurzschlussstrom und der Streufaktor.

28. Eine sehr wertvolle Hülfe bei der Berechnung und Beurteilung eines Drehstrommotors bietet die Kurzschluss-Charakteristik für das zu verwendende Eisengestell.

Bei einem Motor mit Kurzschlussanker ist die Stromstärke bei Beginn des Anlaufs praktisch gleichbedeutend mit dem Kurzschlussstrom. Wenn die Widerstände des Läufers und des Feldes bekannt sind, kann bei Beobachtung des Anlaufstromes der Leistungsfaktor angenähert ermittelt werden. Daher ist in solchem Fall der Gebrauch eines Leistungszeigers erst dann unbedingt nötig, wenn genaue Messungen verlangt werden.

Theoretisch ist ferner die Kurzschlusscharakteristik genügend für die Bestimmung des Streufaktors; praktisch wird es allerdings in den meisten Fällen nicht ratsam sein, sich auf die Kurzschlusskurve allein zu verlassen, weil allerlei Korrekturen in Frage kommen.

29. Bei voller Spannung und Stillstand ist fast immer ein sehr grosser Strom zu erwarten; die Gegen - E. M. K. rührt in diesem Falle nur von dem Streufluss her, der bei normalem Strom sehr klein sein soll, und der ohmische Widerstand muss schon allein mit Rücksicht auf den Wirkungsgrad des Motors niedrig gehalten werden. Die Grösse des Kurzschlussstromes ist in der Regel so bedeutend, dass eine Messung bei voller Spannung den Motor in dem Masse gefährden würde, dass sie unterbleiben muss. Man ist gezwungen, sich mit einer Aufnahme der Kurzschlusscharakteristik bei verminderter Spannung zu begnügen.

Noch eine andere Vorsicht ist bei Messung des Kurzschlussstromes geboten: man muss den Anker in verschiedene Stellungen bringen, weil infolge der nicht vollkommen verteilten Wicklung und der Wirkung der Zähne Ungleichheiten verursacht werden. Die Kurven Fig. 14 lassen das deutlich erkennen.

Nun ist bei einem gegebenen Eisenkörper der Streufaktor nicht unabhängig von der Grösse der Ströme, die die Streuung verursachen; der Streufaktor beim Anlauf mit einem nur kleinen Widerstand im Anker wird daher nicht derselbe —

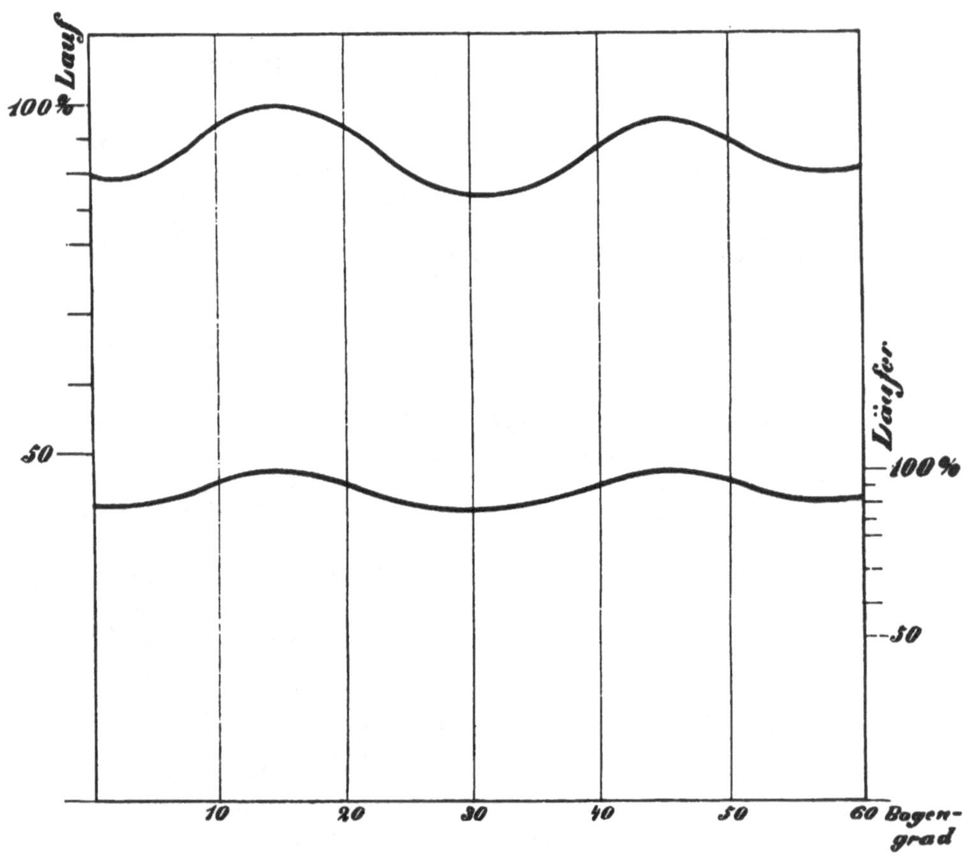

Fig. 14.

Schwankung des Kurzschluss-Stromes bei verschiedenen Läuferstellungen.

in der Regel ein kleinerer — sein, als der Streufaktor, mit welchem das Diagramm entworfen ist (Vgl. **13**). Dem Arbeitszustand des Motors entspricht andererseits nicht der Teil des Kreisdiagramms, der für die Kurzschlusscharakteristik in Frage kommt. So ergeben sich Ungenauigkeiten.

Wenn aber auch bei der Bestimmung des absoluten Wertes des Streufaktors von der Kurzschlusskurve nicht viel Gebrauch gemacht werden kann, so lässt sie sich dafür mit umsomehr Vorteil zur Ermittelung relativer Werte anwenden, und es giebt bei unseren Aufgaben hier, wie überhaupt in der Technik, viele Fälle, bei denen es nicht darauf ankommt, ob der absolute Wert einer Grösse genau richtig ermittelt ist oder nicht, und wo ein relativer Wert vollständig genügt. Das gilt für die Erörterung der Frage, ob geschlossene oder offene Nuten vorzuziehen sind, für die Frage nach der vorteilhaftesten Zahl der Nuten, nach der besten Bemessung des Luftraumes und für die Ermittlung des Einflusses der Polteilung auf die Grösse des Streufaktors, zu deren Behandlung wir nun übergehen.

Die Nuten.

30. Die Kurven *A* und *B* der Fig. 15 stellen die Kurzschlusskurven für einen Motor mit geschlossenen Nuten im Lauf von der Form *A* und mit halboffenen Nuten von der Form *B* dar. Die Nuten des Läufers sind in beiden Fällen geschlossen.

Kurve *C* zeigt eine ideelle Kurve des Kurzschlussstromes, die nur dann erhalten werden könnte, wenn der Streuweg gar kein Eisen enthielte. Kurve *D* stellt den Magnetisierungsstrom dar, welcher nach dem gemessenen Wert von 42,2 Ampère bei 1900 Volt Spannung auf die verschiedenen Spannungen des Diagramms umgerechnet ist. Die Vermehrung des magnetischen Widerstandes des Hauptpfades in radialer Richtung durch die Oeffnung der Nuten erwies sich als zu gering, um den Magnetisierungsstrom merklich zu beeinflussen.

Man sieht, dass für Spannungen über 600 Volt die Kurven *A*, *B* und *C* sich nähern, so dass wir bei der normalen Spannung von 1900 Volt ungefähr gleiche Kurzschlussstromstärken erwarten können, gleichgültig ob die Nuten des Laufs halb offen oder geschlossen sind — wenigstens solange der Läufer geschlossene Nuten hat.

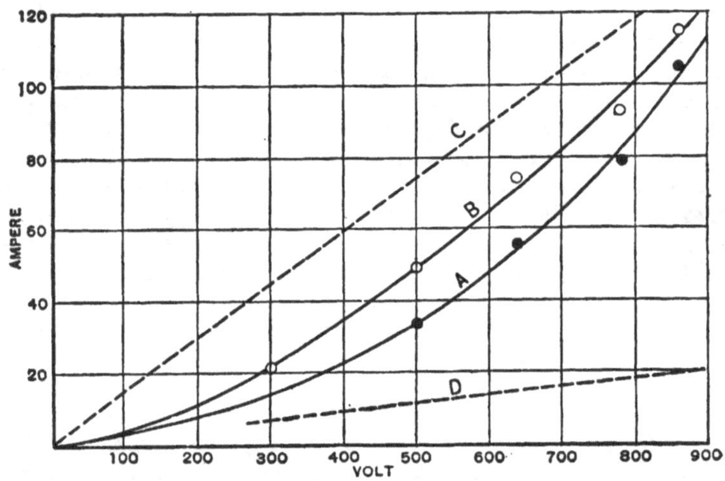

Fig. 15.

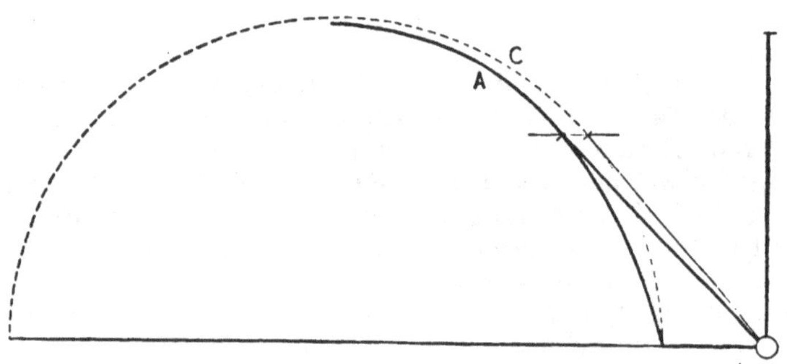

Fig. 16.

Daher ist die erreichbar höchste Leistungsaufnahme des Motors von der Schliessung der Nuten nicht in dem Masse abhängig, wie man im ersten Augenblick versucht wäre anzunehmen. Geschlossene Nuten auf dem Lauf bewirken nur die Veränderung des ursprünglichen Diagramms in der Weise, wie es die ausgezogene Kurve der Fig. 16 angiebt.

Aus dieser Kurve folgt, dass, obgleich der grösste Leistungsfaktor 0,715 statt 0,755 ist, und obgleich der Strom für dieselbe Leistung 58 statt 55 Ampère ist, doch die grösste Leistung des Motors kaum herabgesetzt wird, da die höchste Ordinate des punktierten Kreises nur unbedeutend grösser ist, als die grösste Ordinate der ausgezogenen Kurve. Wenn die eisernen Stege sehr dünn gehalten werden, so können brauchbare Motoren mit ganz geschlossenen Nuten gebaut werden. Die Frage, ob geschlossene oder halboffene Nuten zu bevorzugen sind, wird so, wenn man vorläufig die zusätzlichen Verluste bei Belastung vernachlässigt, deren Ursache wahrscheinlich mit im Vorhandensein der eisernen Stege liegt, nur nach Fabrikationsrücksichten zu beurteilen sein, d. h. es kommt darauf an, welche Nute den billigeren Motor ergiebt. Im allgemeinen wird eine ganz geschlossene Nute eine Kleinigkeit billiger werden, als eine halb geschlossene, weil meistens so fabriziert wird, dass man die Bleche mit geschlossenen Nuten stanzt und zusammenbaut, dann die Wicklung durchzieht, hierauf den Lauf ausbohrt und endlich die stehen gebliebenen Stege aufschneidet. Die zuletzt genannte Arbeit belastet also den Motor mit halb offenen Nuten mehr.

Wesentlich anders gestaltet sich die Sachlage, wenn man die Nuten gänzlich öffnet, so dass man die Wicklung auf Formen herstellen und als fertige Spulen in die Nuten einlegen kann. Fig. 27 S. 61. In dem Falle erhält man nicht nur eine mechanisch bessere und sauberere Wicklung, sondern man spart bei rationeller Fabrikation nicht unbedeutend an Lohn und Lieferzeit. Diese Methode führt sich gegenwärtig in Amerika vielfach ein.

In Europa dagegen, wo die reine Handarbeit noch etwas billiger ist, haben es die Fabriken bisher abgesehen von einigen wenigen Spezialfällen noch vorgezogen, ganz oder nahezu ganz geschlossene Nuten zu verwenden und die Drähte einzeln von Hand durch den Motorkörper zu ziehen. Spulen, welche auf Schablonen gewickelt werden, erfordern nämlich immerhin doch etwas mehr Isolationsmaterial, und da der Wickelraum bei Induktions-Motoren gewöhnlich knapp ist, so bietet die in Europa benutzte Art, wenn man geschickte Wickler hat, einige Vorteile. Andererseits darf nicht unterschätzt werden, dass Spulen, die auf der Wickelform gewickelt werden viel sauberer ausfallen, auch mit Leichtigkeit ausgewechselt werden können, und dass allein diese Vorteile oft mit dem Verlust anderer Vorteile nicht zu teuer bezahlt sind.

Insbesondere kommen offene Nuten in Frage, wenn die Spannung sehr hoch und infolge dessen die Drahtzahl pro Nut gross ist. Mehr als 30 Drähte durch eine Nut zu ziehen, ist schon recht schwierig; der Draht muss in passender Länge vorher abgeschnitten werden, hantiert sich unbequem und leidet natürlich bei der Arbeit.

Motoren mit offenen Nuten zeigen bei gleichen Hauptabmessungen grössere Eisenverluste, als solche mit halbgeschlossenen Nuten, vermutlich, weil beim Vorbeigehen eines Läuferzahnes vor einer offenen Nute der Magnetismus im Zahn selbst einer Schwankung unterworfen wird; nachdem die Zahl dieser Schwankungen eine grosse ist, verursachen sie eine merkbare Erhöhung der Eisenverluste, weil Hysteresis und Wirbelströme mit dem Puls wachsen.*)

Ein weiterer Nachteil der offenen Nuten ist eine Vermehrung des Motorgeräusches, namentlich bei starker magnetischer Sättigung und geringer Anzahl der Zähne. Dies Uebel tritt weniger schroff auf, wenn nur die Zähne des Laufs geöffnet, die des Läufers dagegen ganz geschlossen werden.

Vergl. hierzu auch unter 37 u. 124.

Nutenzahl pro Pol.

31. Eine einfache Ueberlegung zeigt, dass die Feldkurve um so stetiger verläuft, je mehr Nuten man pro Pol und Phase vorsieht. Theoretisch würde es daher ratsam erscheinen, möglichst viel Nuten anzuordnen, aus Preis- und Herstellungsrücksichten empfiehlt es sich aber, die Zahl der Nuten so gering wie möglich zu machen. Man muss also einen Mittelweg suchen.

32. Der Einfluss der Nutenzahl auf die Streuung ist leicht zu ersehen. Je mehr Leiter man in eine Nute zusammendrängt, um so grösser ist der Unterschied des magnetischen Drucks links und rechts von den Nuten, und da hiervon vor Allem die Grösse des Streuflusses abhängt, auch dieser. Der wirksame Kraftlinienfluss ist — mit für die vorliegende Betrachtung ausreichender Genauigkeit — derselbe, gleichgültig, ob wir dieselbe Anzahl Drähte auf wenige oder viel Nuten verteilen. Die vom Fluss in

*) Vgl. Görges E. T. Z. 1900, S. 227.

den Drähten inducierte E. M. K. kann daher unabhängig von der Zahl der Spulen bis auf die wenigen Prozent, die der Breitenkoëfficient berücksichtigt, als konstant angenommen werden.

33. Wir wollen einmal einen bestimmten Fall zu Grunde legen. Hat man etwa 100 Drähte auf 5 Nuten verteilt, so kommen auf jede Nute 20 Drähte, der Streufluss pro Nut ist hervorgebracht durch diese 20 Drähte und daher dieser Zahl proportional. Die E. M. K., welche von dem Streufluss jeder Nute in den 20 Drähten erzeugt wird, ist dementsprechend auch proportional 20 . 20. Also ist die gesammte E. M. K., welche in den 100 Leitern durch die 5 Streuflüsse induziert wird, proportional 20 . 20 . 5 = 2000.

Jetzt mögen die 100 Leiter in 10 Nuten untergebracht sein, jede Nute erhält dann 10 Leiter und der Streufluss jeder Nute ist proportional 10. Die vom Streufluss in den 10 Leitern jeder Nute inducierte E. M. K. ist proportional 10 . 10. Daher ist die gesammte E. M. K., welche in allen Leitern der 10 Nuten induziert wird, proportional 10 . 10 . 10 = 1000. Mit anderen Worten: Die vom Streufluss induzierte Gegen - E. M. K. ist für 5 Nuten zwei mal so gross als für 10.

Obige Berechnung beruht auf der Annahme, dass der Widerstand des Streuweges jeder Nute in den beiden betrachteten Fällen derselbe ist; obwohl dies nicht streng richtig sein wird, so zeigt doch die Betrachtung klar, dass eine grosse Anzahl Nuten, soweit es sich um die Streuung handelt, vorteilhafter ist als eine geringere.

34. Eine allgemein gültige Regel für die Ermittlung der günstigsten Nutenzahl lässt sich natürlich nicht geben, es bleibt vielmehr in dieser Beziehung das Wesentlichste der jeweiligen Entscheidung vorbehalten. Mehr als 5 Nuten pro Pol und Phase im Feld zu nehmen, ist im allgemeinen nicht mehr zweckmässig, ausser wenn die Teilung sehr gross ist, wie bei Motoren für geringen Puls und grosse Umfangsgeschwindigkeit, weil sonst die Zähne unausführbar dünn und der Verlust an Wicklungsraum durch die Nutenisolation zu gross wird. Als Massstab für eine überschlägige Beurteilung der Frage benutzen einige Konstrukteure das Stromvolumen pro Nut. Als ein praktischer Wert für die grösste zulässige Zahl von Ampèredrähten in einer Nut wird manchmal 600 angenommen, doch soll das natürlich keine starre Regel sein. (Vgl. hierzu die Beispiele weiter unten).*) Legt man bei geschlossenen Nuten sehr

*) Kapitel V.

wenig Drähte in eine Nut, so ist nicht ausgeschlossen, dass der Eisenpfad des Streuflusses schwach gesättigt bleibt und infolgedessen der Vorteil weniger Ampèredrähte beeinträchtigt wird. — Weniger als 3 Nuten pro Pol und Phase sollte man bei Drehstrommotoren nie nehmen.

35. Um ein Urteil über die Genauigkeit der Theorie zu ermöglichen, sollen im Nachstehenden Versuchsresultate mitgeteilt werden, die an einem Drehstrom-Motor mit Kurzschlussanker gefunden wurden.

Der Motor sollte 20 PS bei einer Spannung von 380 Volt und einem Puls von 47 leisten. Die Nuten im Anker und Feld waren geschlossen, wenn auch nur durch sehr dünne Stege. Die Formen der Nuten sind in Fig. 17 dargestellt. Der Motor hatte 6 Pole, daher war seine synchrone Geschwindigkeit $\frac{60 \cdot 47}{3} = 940$ Umdrehungen in der Minute.

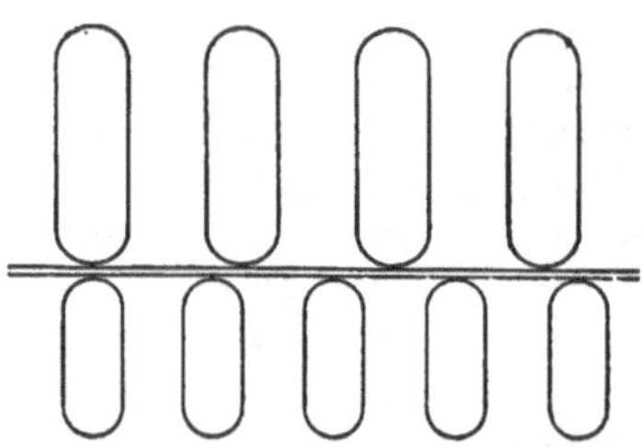

Fig. 17.

Die folgende Tabelle zeigt den Anlauf- oder Kurzschluss-Strom als Funktion der Klemmspannung;

Volt	Ampere	Puls	Volt	Ampere	Puls
82	11	46,7	200	56	46,7
108	20	—	233	70	—
135	30	—	273	90	—
162	40	—	314	112	—

36. Die Werte sind in Fig. 18 graphisch veranschaulicht, für die Spannung von 380 Volt liest man einen Strom von 140 Ampère ab.

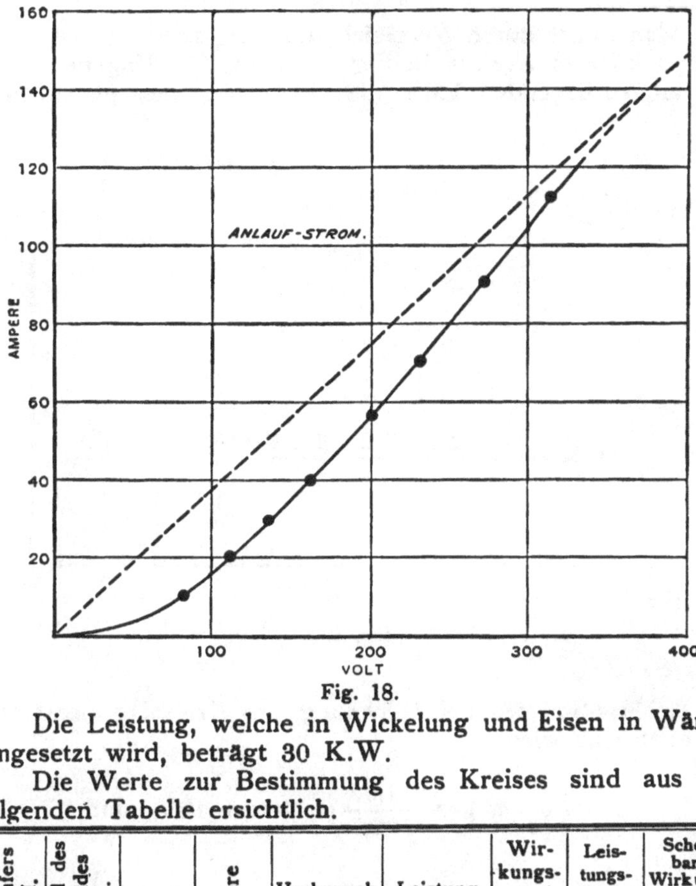

Fig. 18.

Die Leistung, welche in Wickelung und Eisen in Wärme umgesetzt wird, beträgt 30 K.W.

Die Werte zur Bestimmung des Kreises sind aus der folgenden Tabelle ersichtlich.

Drehzahl des Läufers p. M.	Drehzahl des Drehfeldes p. M.	Volt	Ampère	Verbrauch in Watt	Leistung in Watt	Wirkungsgrad η %	Leistungs-Faktor $\cos\varphi$ %	Scheinbarer Wirkungsgrad $\eta \cos\varphi$ %
930	932	380	5,5	2 100	1 300	62	58	36
931	940	382	9	5 400	4 050	75	90,7	68
926	930	380	14,5	9 000	7 300	81	94,4	76,5
910	918	380	20,5	12 900	10 800	84	95,5	80,2
912	925	380	26,0	15 600	13 200	84,5	91,5	77,3
894	912	380	31	18 600	15 600	84	91	76,5
892	922	380	42	25 100	20 600	82	91	74,5
880	922	380	57	32 400	24 300	75	86,5	65
846	896	382	64,5	35 400	25 500	72	83	59,7
860	940	391	74,5	40 100	26 100	65	79,5	51,7

Man findet durch Vergleich des voll ausgezogenen und des punktierten Kreises in Fig. 19 leicht die Ungenauigkeit, die im vorliegenden Falle die Benutzung des gemessenen

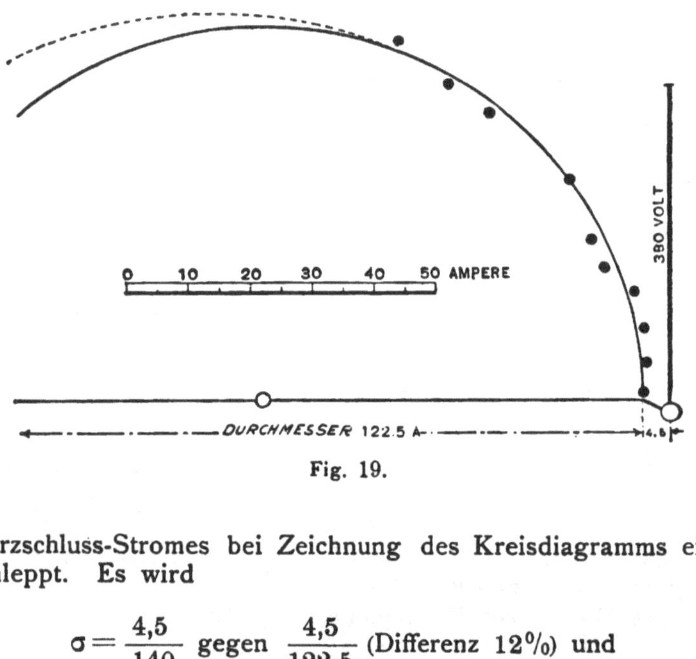

Fig. 19.

Kurzschluss-Stromes bei Zeichnung des Kreisdiagramms einschleppt. Es wird

$$\sigma = \frac{4,5}{140} \text{ gegen } \frac{4,5}{122,5} \text{ (Differenz 12\%) und}$$

$$\cos\varphi\, max = \frac{1}{2\,\sigma + 1} = \frac{1}{2 \cdot 0,0322 + 1} \text{ gegen } \frac{1}{2 \cdot 0,0367 + 1}$$

(Differenz 1%)

Der nur theoretisch interessante Wert σ wird also ziemlich ungenau, der praktisch wichtige Wert $\cos\varphi$ aber genau genug gefunden.*) Ueberschätzt wird die grösste Zugkraft.

---

*) Bei Beurteilung dieses Resultats ist nicht zu vergessen, dass der Versuch sich auf einen Motor mit geschlossenen Nuten bezieht. D. H.

37. Es war bereits von den zusätzlichen Eisenverlusten die Rede (Vgl. 30 S. 33). Bei diesem Motor wurden sie ermittelt und sollen deshalb kurz mit angegeben werden.

Es war

der gemessene Eisenverlust bei Leerlauf	800	Watt
die berechnete primäre Stromwärme . .	600	„
die berechnete sekundäre Stromwärme .	200	„
der Gesamtverlust also	1600	Watt
die Leistung	13200	„
der berechnete Verbrauch also . . .	14800	Watt

Die Bremsung ergab 84,5% Wirkungsgrad, also 15600 Watt Verbrauch. Die Differenz beträgt 6% der Leistung.

Der zusätzliche Verlust steigt sehr schnell mit zunehmender Belastung und wird bald so gross wie alle anderen Verluste zusammen. Bei einem Schlitzen der Nuten zeigte sich eine entschiedene Tendenz zur Verringerung des zusätzlichen Verlustes, daher ist es wahrscheinlich, dass dieser hier eine Sekundär-Erscheinung der völlig geschlossenen Nuten, in letzter Linie also eine Folge der Beeinflussung der Kraftlinienverteilung durch die Streuung ist (vgl. S. 33).

Kapitel IV.

Der Streufaktor bei verschiedenen Ausführungen eines Drehstrom-Motors.

38. Es sind zunächst zwei Fragen, die sich dem Konstrukteur bei jedem Schritt aufdrängen. Die erste ist: inwiefern hängt die grösste Leistung eines Motors von dem Luftzwischenraum ab? Mit anderen Worten, nimmt die Leistung eines Motors mit der Vergrösserung des Luftraumes, wie stets angegeben wird, ab, und kann umgekehrt durch starke Verringerung des Luftraumes die Leistung des Motors wesentlich gesteigert werden? und die zweite: Falls ein vierpoliger Motor unter Beibehaltung des Pulses und der Kraftliniendichte im Luftraum für 8 Pole gewickelt wird, verringert sich die Leistung im Verhältnis von 4:8 oder besteht eine andere Beziehung zwischen der Leistung und der Polzahl und welche? Diese Fragen erledigen sich durch eine Betrachtung des Verhaltens des Streufaktors und sollen im Folgenden näher erörtert werden.

Der Einfluss des Luftspaltes auf den Streufaktor.

39. Um die Beziehung zwischen dem magnetischen Widerstand des Hauptfeldes und der Grösse des Streufaktors zu bestimmen, wurde folgender Versuch gemacht. Der Lauf eines Drehstrom-Motors wurde mit zwei auswechselbaren Läufern versehen, deren Durchmesser so gewählt waren, dass in dem einen Fall ein Luftraum von 0,5 und in dem anderen ein solcher von 1,5 mm radialer Länge entstand. Die Magnetisierungsströme und die Kurzschluss-Ströme wurden gemessen. Die folgende Tabelle enthält die Ergebnisse der Versuche:

Magnetisierungsstrom bei Puls = 50

Luftspalt = 0,5 mm		Luftspalt = 1,5 mm	
Volt	Ampere	Volt	Ampere
37	1	16,5	1,05
56,5	1,5	34,7	2,25
78	2,1	55,5	3,40
95,5	2,55	75	4,70
116	3,20	77	4,80
		77,5	5,00
		99	6,40
		113	7,30
		114,5	7,40

Kurzschlussstrom bei Puls = 50

Luftspalt = 0,5 mm		Luftspalt = 1,5 mm	
Volt	Ampere	Volt	Ampere
17,4	5,1	16,2	5,4
36	12,5	36	14,85
36,5	12,7	37,6	14
58	20,3	55,5	22,5
77	29,5	79	33,3

Widerstand der Primärwicklung: 0,05 Ohm pro Phase kalt
Sekundärwicklung: 0,50 „ „ „ „

40. In Figur 20 sind die Stromstärken über der Spannung aufgetragen. Es ist bemerkenswert, dass bei einer Veränderung des Luftraumes im Verhältnis 1 : 3 der Kurzschlussstrom nur um 13 %, der Magnetisierungsstrom dagegen etwa im Verhältnis 1 : 2,3 zugenommen hat. Wir finden nämlich für 110 Volt

	bei $d = 0{,}5$ mm	$d = 1{,}5$ mm
	$\sigma = 0{,}058$	$\sigma = 0{,}128$
Kurzschlussstrom	42 Amp.	47,5 A.
Magnetisierungsstrom	3 „	7 „

41. Mit diesen Werten ist unter Berücksichtigung der Ohm'schen Verluste Fig 21 gezeichnet und es ergiebt sich

bei	$d = 0{,}5$	$d = 1{,}5$
der Streufaktor	$\sigma = 0{,}058$	$\sigma = 0{,}128$
und	$\frac{\sigma}{d} = 0{,}0136$	$\frac{\sigma}{d} = 0{,}0085$
aber	$\frac{\sigma}{I_0} = 0{,}0193$	$\frac{\sigma}{I_0} = 0{,}0183$

das heisst in Worten, der Streufaktor war ungefähr proportional dem Magnetisierungsstrom.

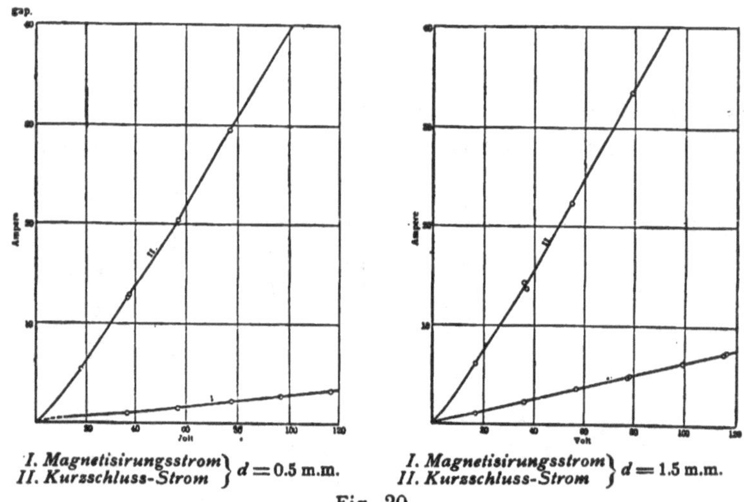

Fig. 20.

42. Die hier in Erledigung der ersten Frage gefundenen Resultate sind wichtig; ein Blick auf Fig. 21 lehrt, dass der grösste Verbrauch, den der Motor aufzunehmen im Stande ist, innerhalb der hier betrachteten Grenzen, praktisch von der Grösse des Luftspaltes unabhängig ist, und dass sich nur auf den Magnetisierungsstrom ein bemerklicher Einfluss geltend macht. Eine Erklärung dafür ist darin zu suchen, dass der grösste Teil des Streuflusses an der Oberfläche des primären Teiles haftet; es ergiebt sich für den Konstrukteur dabei die

Lehre, dass es wichtig ist, an dieser Stelle den „magnetischen Widerstand" des Streupfades so gross als möglich zu machen.

43. Interessant ist auch, dass beide Kurzschlusskurven gradlinig verlaufen, woraus auf geringe magnetische Beanspruchung aller Eisenteile des magnetischen Kreises im ganzen Beobachtungsbereich zu schliessen ist. — Wären die Nuten nicht geschlitzt, so wäre mit Rücksicht auf die dünnen Stege über den Nuten vielleicht ein etwas abweichender Verlauf des Kurzschlussstromes zu erwarten gewesen.

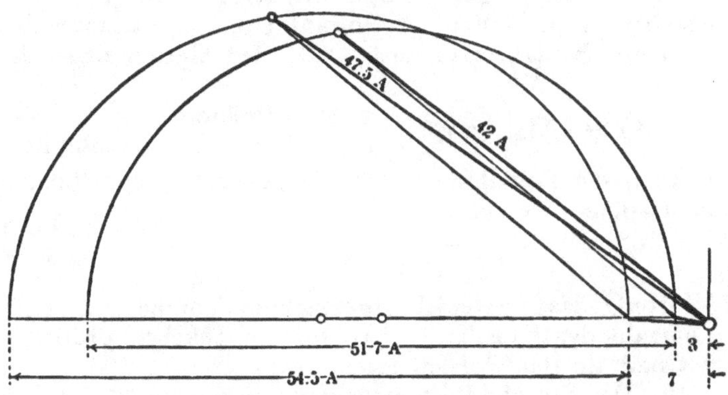

Fig. 21.

Die Abhängigkeit des Streufaktors von der Polteilung.

44. Bevor auf die Versuche eingegangen wird, die zur Aufklärung dieser zweiten Frage angestellt wurden, soll versucht werden, durch Ueberlegung vorauszusagen, wie sich der Streufaktor voraussichtlich mit der Polteilung ändern muss.

Fig. 22a, b und c stellen die Nuten eines Drehstrommotors dar, der einmal vier-, einmal sechs- und einmal achtpolig gewickelt sein soll und die gestrichelten Linien geben für jeden dieser Fälle die ungefähre Verteilung des magnetischen Flusses in der Luft an; es ist dabei zu beachten, dass notwendigerweise an jedem Punkte des Raumes nur eine Art Kraftlinien bestehen kann, und dass deshalb Streuflüsse um jede einzelne Nute herum in der in Fig. 23 dargestellten Art*) nicht möglich sind, weil sonst innerhalb eines Zahnes Kraftlinien entgegengesetzter Richtung verlaufen müssten.

Nehmen wir nun an, unser Motor habe 72 Nuten im Lauf und bei der vier-, sechs- und achtpoligen Wicklung, gleichviele und gleich beanspruchte Drähte pro Nut, die Stromstärke, also auch die Zahl der Ampèredrähte pro Nut sei konstant**) und der Läufer möge als Käfiganker ausgeführt und so für alle Polzahlen ohne Aenderungen brauchbar sein.

45. Die Zahl der Ampèredrähte pro Pol ist jetzt umgekehrt proportional der Polzahl 2 p, die maximale Kraftliniendichte $\mathfrak{B}$ max. also auch. Da der Gesamtmagnetismus pro Pol

$$M_1 = k\,\mathfrak{B}_{max}\,\tau B \qquad \begin{aligned}\tau &= \text{Polteilung}\\ B &= \text{aktive Maschinenbreite}\end{aligned}$$

und da τ, die Polteilung, auch umgekehrt proportional der Polzahl ist, so ergiebt sich, dass

$$M_1 = k' \frac{1}{p^2}$$

in Worten, dass unter den gemachten Voraussetzungen die Gesamtzahl der Kraftlinien pro Pol umgekehrt proportional dem Quadrate der Polzahl ist.

46. Das Streufeld ist seinerseits proportional der Grösse der Streufläche, für die hier, wie Fig. 22 zeigt, vor Allem die

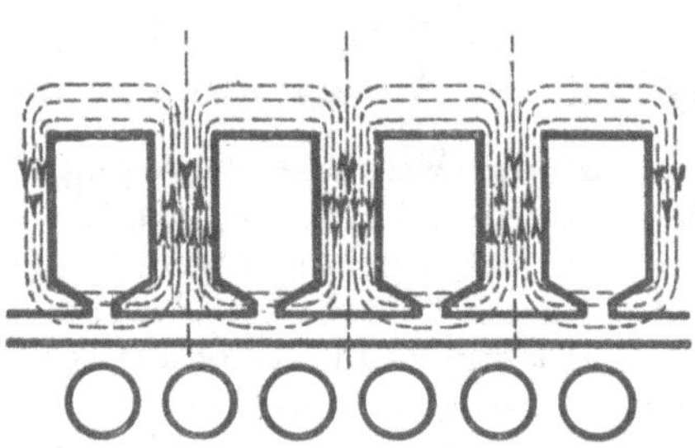

Fig. 23.

*) Bis auf ein nicht in Frage kommendes Minimum von Kraftlinien unmittelbar an den Drähten.

**) Diese Annahme entspricht der Voraussetzung verschiedener Klemmenspannungen.

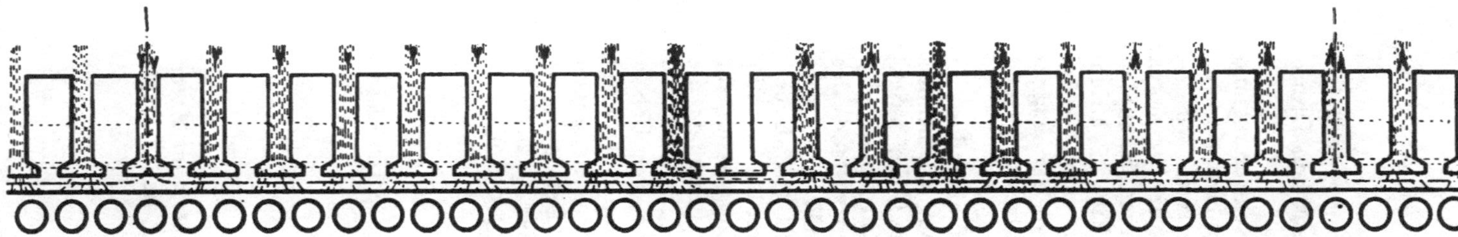

4 Pole

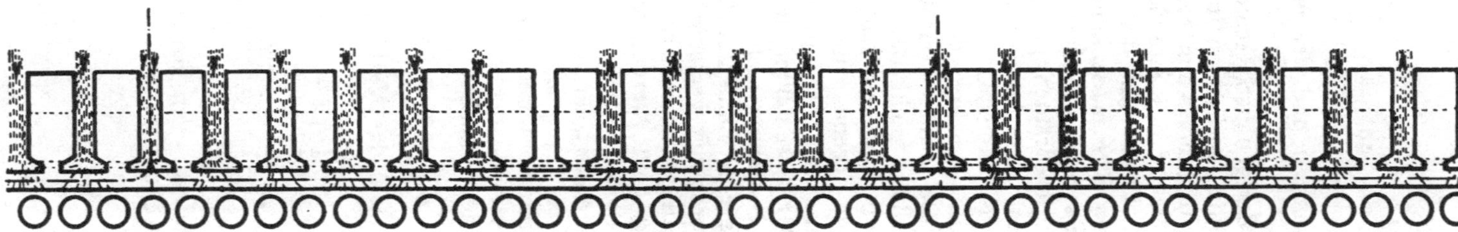

6 Pole

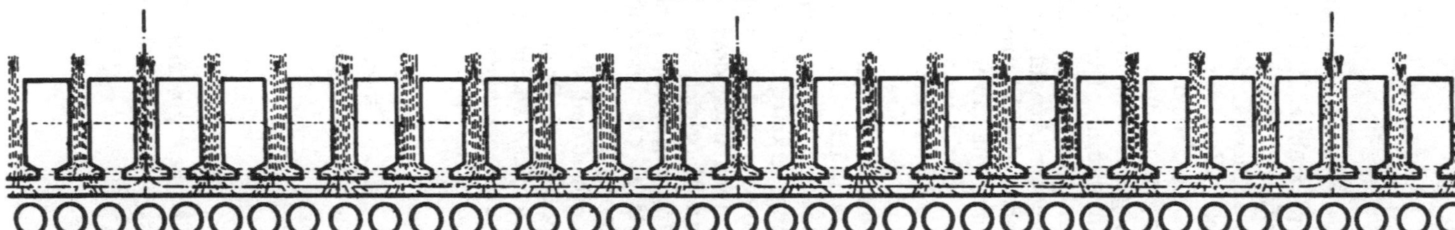

8 Pole

Fig. 22 a, b, c.

Grenzzähne in Frage kommen und der magnetischen Druckdifferenz.

Diese Grössen sind der genauen Rechnung schwer zugänglich. Wäre nur der Streufluss vorhanden und kein Hauptfluss da — ein Zustand der bei Kurzschluss annähernd erreicht wird — so könnte man zur Schätzung des Streuflusses den gesamten magnetischen Druck pro Phase und den mittleren Streupfad einführen. Die mittleren Streupfade sind in Fig. 22 strichpunktiert angegeben. Es zeigt sich dort, dass, wenn — bei gleicher Anzahl von Ampèredrähten pro Nut — der magnetische Druck proportional der Ampèrewindungszahl gesetzt wird, die Streuung pro Nut konstant ist.

Für Leerlauf trifft die Annahme des Kraftlinienbildes in der Figur die Verhältnisse ziemlich richtig, bei Kurzschluss wird die Kraftlinienverteilung mehr der Richtung der strichpunktierten Linien folgen und der mittlere Streupfad wird wesentlich länger. Für irgend einen Arbeitszustand des Motors werden sich Zwischenwerte ergeben. Diese Betrachtung erklärt, warum der Streufaktor während des Uebergangs vom Leerlauf zur Belastung nicht konstant bleibt. Wir können aber doch, ohne eine Sinnentstellung zuzulassen, für den Vergleich von Motoren mit verschiedenen Polzahlen die Streuung einfach dem jeweiligen magnetischen Druck proportional setzen; die Berechtigung dafür werden wir aus der Ueberlegung ableiten, dass für die Gesetze, nach denen σ zwischen Leerlauf und Volllast sich ändert, für verschiedene Polteilungen annähernd Proportionalität bestehen dürfte. Der absolute Streufluss wächst nun, immer unter den früher gemachten Voraussetzungen, proportional der Nutenzahl pro Pol, also umgekehrt proportional der Polzahl. Es ist

$$Ms = k \frac{1}{p}$$

47. Es ist dann weiter das Verhältnis des Streuflusses zum Gesamtfluss

$$\frac{Ms}{M_1} = k'' \frac{\frac{1}{p}}{\frac{1}{p^2}} = const.\, p.$$

d. h. bei gleicher Gesamtzahl von Ampèredrähten im Motor steigt die prozentuale Streuung proportional mit der Polzahl.

48. Das Ergebnis dieser Ueberlegungen wird durch die folgenden Versuchsreihen bestätigt.

A Drehstrom-Motor. Leistung 36 PS. Spannung 380 Volt, 6 Pole, Puls = ca. 42.

Luftraum d = 0,62 mm
Polteilung τ = 305 „

Netz-Spannung	Stromstärke im Feld	Stromstärke im Läufer	Puls
81	36	95	42
120	74	180	—
150	106	260	—
170	135	320	41
—	—	—	—
383	8,5	0	43,2

Wenn wir die Werte des Primärstromes in einem Koordinatensystem über der Spannung auftragen und die Kurve durchziehen, finden wir den Kurzschluss-Strom für 380 Volt zu 380 Amp. Daher

$$\sigma_I = \frac{8,5}{380-8,5} = \frac{8,5}{372} = 0,0228$$

49. B. Derselbe Lauf. 10 Pole. 24 PS. 190 Volt. 50 Perioden. Luftraum: 1,1 mm. τ = 183 mm.

Spannung zwischen zwei Leitungen	Stromstärke im Feld	Puls
20	20	51
25	31,5	—
33	50,5	—
43,5	75	51
66	139	—
83	185	—
95	220	—

$$\sigma_{II} = \frac{31,2}{470-31,2} = \frac{31,2}{439} = 0,0713$$

Die folgende Tabelle giebt eine Zusammenstellung der hier interessierenden Zahlen.

Luftraum in cm	Polteilung in cm	σ
0,062	30,5	0,0228
0,11	18,3	0,0713

50. Um auf gleichen Luftraum zu reduzieren, haben wir uns zu erinnern, dass die Leerlaufströme proportional zu ändern, die Kurzschlussströme aber beizubehalten sind. (Vgl. **40** u. **41**.) Wir bekommen daher

$$\sigma_I = 0{,}0228$$
$$\sigma_{II} = 0{,}0388^{*)}$$

also

$$\frac{\sigma_{II}}{\sigma_I} = \frac{0{,}0388}{0{,}0228} = 1{,}70$$

oder, da

$$\frac{\tau_I}{\tau_{II}} = \frac{305}{183} = 1{,}68$$

dass

$$\frac{\sigma_{II}}{\sigma_I} = \text{ca. } \frac{\tau_I}{\tau_{II}} \quad \text{(Differenz ca. } 1\%\text{)}.$$

51. Der Streufaktor ist hier also fast genau umgekehrt proportional der Polteilung oder direkt proportional der Polzahl;

52. Nach Allem werden wir also behaupten können, dass der Streufaktor ungefähr dem Luftraum direkt und der Polteilung umgekehrt proportional ist.

Die Regel für die Beurteilung des Streufaktors lautet daher:

$$\sigma = \frac{d}{\tau} \cdot C \tag{12}$$

in welcher Gleichung die Konstante von der Form und Grösse der Nuten und von einer Menge anderer Bedingungen abhängt, die im Einzelnen z. T. noch der Aufklärung bedürfen.

*) Aus $\frac{31{,}2}{470-31{,}2}$ folgt mit $31{,}2 \frac{0{,}62}{1{,}1} = 17{,}6$

der reduzierte Streufaktor $\frac{17{,}6}{470-17{,}6} = 0{,}0388.$

Für praktische Zwecke können die Grenzen meist mit genügender Genauigkeit geschätzt werden, zwischen denen C liegt.*)

53. Da es durchaus erforderlich ist, auch ohne Vorhandensein von Erfahrungszahlen beim Entwurf eines Motors einen Massstab für die Grössenordnung des Streufaktors zu gewinnen, hat u. A. Siewert eine Methode zur schätzungsweisen Ermittelung des Kurzschlussstromes in der E. T. Z. 1901, S. 615 entwickelt, die praktisch brauchbare Resultate ergiebt. Der Gedankengang ist folgender:

a) Bei Leerlauf und Kurzschluss ist die Klemmenspannung gleich in Grösse und periodischem Verlauf, daher auch die Verteilung der Ströme und die Gestalt der Stromkurve — abgesehen vom Einfluss der Hysterese des Eisens. Die für Leerlauf geltende Kurve des magnetischen Drucks (vgl. Fig. 11) bleibt also ihrer Gestaltung nach bei Kurzschluss unverändert, auch Verzerrung findet nicht statt, weil jetzt die primäre und die sekundäre M. M. K. K. in gleichen Axen wirken.

b) Dem magnetischen Druck entsprechend kommt bei Kurzschluss ein magnetischer Fluss zu Stande, der infolge der starken „Abweisung“ fast ganz als „Streufluss“ verläuft, sich also schliesst ohne die sekundäre Wicklung zu umschlingen. Für diesen Fluss ist an der Hand der Fig. 24

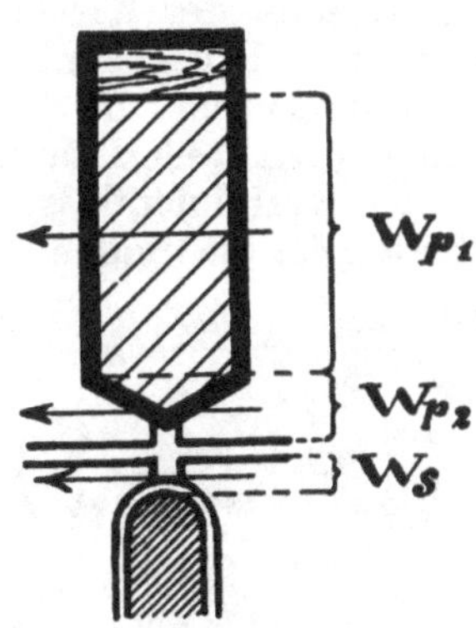

Fig. 24.

*) Für Nuten gemäss der Fig. 17 schwankt C zwischen 10 und 15. Die gleichen Ampèrewindungszahlen pro Nut wie dort müssen dabei vorausgesetzt werden.

eine einfache Anwendung der Hopkinsonschen Methode möglich, wenn man ihn in Streifen zerlegt, deren magnetische Leitfähigkeiten durch folgende Formeln mit (für praktische Zwecke) ausreichender Genauigkeit ausgedrückt werden können.

Es ist für 1 cm Maschinenbreite

$$\frac{1}{w_{p^1}} = \frac{a}{2c}; \quad \frac{1}{w_{p^2}} = \frac{2g}{c+f} + \frac{e}{f}; \quad \frac{1}{w_s} = \frac{2g'}{c'+f'} + \frac{e'}{f'};$$

$$\frac{1}{w_z} = \frac{\text{Zahnkrone}}{2d}. \text{*)}$$

a, c, d, e, f geben die Hauptabmessungen der Nuten, w_{p_1}, w_{p_2}, w_s und w_z die „magnetischen Widerstände" der einzelnen Kraftlinienpfade an. (a = Nutentiefe, c = Nutenbreite, f = Breite der Nutenöffnung, g = Tiefe der Zahnkrone, d = Luftspalt. Die mit ' bezeichneten Buchstaben beziehen sich auf die Nuten des sekundären Teiles).

c) Der Kraftlinienfluss, der durch diese magnetischen Widerstände gedrückt werden muss, hat eine E. M. K. zu erzeugen, die der Klemmenspannung das Gleichgewicht hält. Der Teil der Kraftlinien, der durch w_{p^1} übergeht, verschlingt sich nur mit einem Teil der Primärwindungen. Durch einfache Integration ergiebt sich — wenn angenommen wird, dass die Kraftliniendichte des Flusses durch w_p vom Fuss des Zahnes bis zum Beginn der Krone gleichmässig, entsprechend dem magnetischen Druck zunimmt, — dass für die Bildung der E. M. K. von diesem die Nuten durchsetzenden Fluss nur ²/₃ in Rechnung zu stellen sind.

Nennen wir nun den Kraftlinienfluss, der bei Kurzschluss die Gegen-E. M. K. bildet M_k, so finden wir

$$M_k = \frac{A W_k}{w_{p^1}} \frac{2 k_p}{3} + \frac{A W_k}{w_{p^2}} k_p + \frac{A W_k}{w_s} k_s$$

$$= A W_k \left(\frac{2 k_p}{3 w_{p^1}} + \frac{k_p}{w_{p^2}} + \frac{k_s}{w_s} \right)$$

$$= A W_k \cdot \gamma \qquad \gamma = \frac{2 k_p}{3 w_{p^1}} + \frac{k_p}{w_{p^2}} + \frac{k_s}{w_s} \qquad (13)$$

k_p und k_s sind Konstanten, durch die die Verteilung des magnetischen Flusses berücksichtigt wird; sie können der

*) Diese Formeln schreibt Siewert etwas anders.

folgenden Tabelle entnommen werden, ihre Ableitung beruht auf gleichen Grundsätzen, wie die der Ermittlung der Kraftlinienverteilung in 18 und ist ausführlich in Siewerts Arbeit in der E. T. Z. gegeben.

Zahl der Nuten pro Pol und Phase primär	1		2			3			4			5			6		
k_o	2		3,5			5,4			8			10			12		
k_p	1,6		1,25			1,35			1,2			1,3			1,2		
ϑ	1,04		1,1			1,3			1,2			1,3			1,2		
Zahl der Nuten pro Pol und Phase sekundär	2	3	3	4	5	4	5	7		5	7		6	7		7	9
k_s	1,2	1,8	2	1,3	1,2	1,2	1,35	1,35		1,6	1		1,2	1,35		1,5	1,15

d) Während bei Leerlauf aus der Kurve des magnetischen Drucks eine gleichgestaltete (sinusartige) Kurve der Kraftlinienverteilung folgt, fällt die Kraftlinienverteilung infolge des ganz anderen Kraftlinienweges bei Kurzschluss durchaus anders aus und bleibt annähernd konstant über der Polfläche. Daraus folgt die Notwendigkeit eines Korrektionsfaktors für die Formel der E. M. K., der mit ϑ bezeichnet werden möge. Ist M_1 der bei Leerlauf die Klemmenspannung balanzierende Fluss, so ist

$$M_k = \vartheta M_1.$$

e) Bei Leerlauf ist

$$M_1 = \frac{A\,W_o\,k_o}{w_s} \left(\frac{1}{w_s} = \frac{\text{Zahnkrone}}{2d}\right)$$

k_o bedeutet wieder eine Konstante, die die Verteilung des magnetischen Flusses über die Peripherie berücksichtigt.

f) Es ist

$$\frac{A\,W_k \cdot \gamma}{\frac{A\,W_o\,k_o}{w_s}} = \frac{M_k}{M_1} = \vartheta$$

oder

$$\frac{A\,W_0}{A\,W_k} = \frac{\gamma\,w_s}{\vartheta\,k_0} = \frac{J_0}{J_k} \qquad \frac{J_0}{J_k - J_0} = \sigma$$

oder

$$J_k = J_0\,\frac{\vartheta\,k_0}{w_s\,\gamma}. \qquad (14)$$

Hier muss, wenn das Eisen des sekundären Teiles eine nicht mehr vernachlässigbare Anzahl A. W. beansprucht, J_0 im umgekehrten Verhältnis der Gesamt-A. W. zu denen für Luft und Primärteil allein reduziert werden; denn der magnetische Fluss bei Kurzschluss durchsetzt den sekundären Teil nicht.

Die Gleichung (14) sagt aus, dass der Kurzschluss-Strom um so grösser, also der Streuungsfaktor um so kleiner wird, je kleiner γ, die magnetische Leitfähigkeit quer durch Nute und Luftraum und w_s, der magnetische Widerstand des Hauptpfades bei Leerlauf ausfällt. Da J_0 sich fast proportional mit w_s ändert, so ist klar, dass eine Veränderung des Luftraumes, wie schon in (40) gezeigt wurde, nur wenig Einfluss auf die Grösse des Kurzschluss-Stromes hat.

g) Die Methode liefert den „ideellen Kurzschluss-Strom". Sollen gemessene Werte mit den berechneten verglichen werden, so ist daher noch eine Reduktion der Messungsresultate unter Berücksichtigung des Einflusses der ohmischen Verluste erforderlich.

Die berechneten Werte fallen in der Regel um 10 bis 12 % zu gross aus, namentlich, weil der Einfluss der ausserhalb des Eisens liegenden Teile der Wicklung, der „Stirnverbindungen", und die Abnahme der Sättigung der primären Zähne auf die Bildung des Streuflusses bei Kurzschluss vernachlässigt sind.

Die Stirnverbindungen können einen nicht unwesentlichen Einfluss haben; man soll sich aber nicht zu einer Überschätzung desselben verleiten lassen; eine genaue rechnerische Berücksichtigung dürfte nur bei anormal schmal gebauten Motoren erforderlich werden.

Die Wickelung desselben Motors für verschiedene Geschwindigkeiten.

55. Die Formel 12, S. 48, erlaubt es uns zu bestimmen, wie sich bei einem Motor Leistung, Leistungsfaktor u. s. w. ändern, wenn er für verschiedene Polzahlen z. B. für acht, vier oder zwei Pole gewickelt wird; (natürlich muss eine passende Nutenzahl vorhanden sein; wenn der Lauf 48 oder 72 Nuten besitzt, ist dieser Forderung genügt). Es werde nun zunächst einmal angenommen, die mittlere Kraftliniendichte im Luftraum, oder was gleichbedeutend ist, in den Zähnen, werde für die drei genannten Fälle konstant gehalten. Ferner sei für die drei Motoren gleiche Spannung vorausgesetzt. Dann ist gemäss Gleichung (4)*) klar, dass bei gleichbleibender magnetischer Beanspruchung des Zahn-Eisens die Gesamtzahl der wirksamen Le ter der Polzahl proportional sein muss; mit anderen Worten, wenn z. B. der achtpolige Motor im Ganzen 720 Leiter, pro Nut also 10 Leiter besitzt, dann muss der vierpolige Motor 360 und der zweipolige Motor 180 Leiter besitzen.

Um den relativen Wert des Magnetisierungsstromes zu bestimmen, braucht man nur die Anzahl z der wirksamen Leiter pro Pol zu kennen, wie Gleichung 6, S. 24, zeigt. Für ζ ergiebt sich beim achtpoligen Motor $\frac{720}{8} = 90$, beim vierpoligen Motor $\frac{360}{4} = 90$ und beim zweipoligen Motor endlich $\frac{180}{2} = 90$.

Es zeigt sich, dass $\mathfrak{B}$ und z in allen drei Fällen gleich sind und daher ergiebt sich auch gleicher Magnetisierungs-Strom.

Die Verteilung der Wickelung hat Einfluss auf den Streufaktor, wie schon unter **20** gesagt wurde; werden die Drähte aber in mehr als drei Nuten pro Pol und Phase untergebracht, so ist dieser Einfluss nicht bedeutend.

Wenn Form und Grösse der Nuten in allen Fällen dieselbe sind, so bleibt weiter auch der Koëfficient für den Streuungs-Faktor in der Gleichung 12**) annähernd derselbe.

*) S. 22. **) S. 48.

Weil nun endlich, wenigstens so lange der Einfluss des Eisens vernachlässigbar ist, der Streufaktor dem Quotienten aus Luftspalt und Polteilung proportional ist, (vgl. 41 und 51) so findet man in erster Annäherung, dass, da angenähert

$$\sigma = \frac{J_o}{J_k} \qquad J_k = \frac{J_o}{\sigma} = \frac{J_o}{p} \text{ Konst.} \tag{15}$$

der Kurzschlussstrom ungefähr umgekehrt proportional der Polzahl ist. Dieses Ergebnis ist in der Fig. 25 graphisch

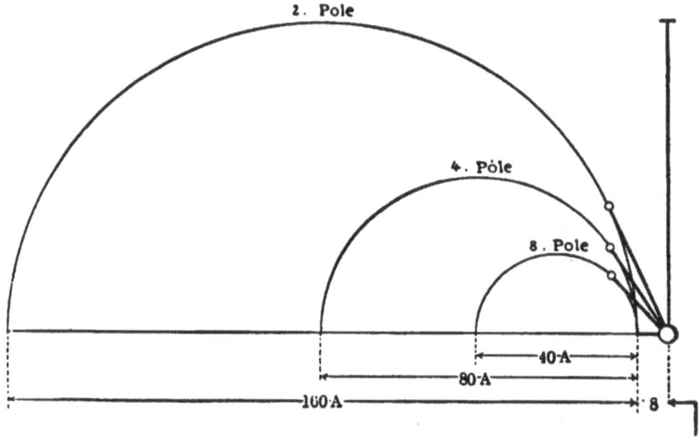

Fig. 25.

dargestellt;*) es ist ersichtlich, dass die grösste Leistung, die dem Motor zugeführt werden kann, und daher annähernd auch die abgegebene, sich im Verhältnis zur Polteilung ändert. Aus dem Diagramm ergiebt sich weiter, dass der Streufaktor, für den zweipoligen Motor $\frac{8}{160} = 0{,}05$, für den vierpoligen Motor $\frac{8}{80} = 0{,}10$ und für den achtpoligen Motor $\frac{8}{40} = 0{,}20$ ist.

*) Fig. 25 ist ein Stromdiagramm; man muss, um keinen Irrtum zu begehen, bedenken, dass die zu Grunde liegenden Motoren gleichen Magnetismus, aber verschiedene Drahtzahlen haben, die Ordinaten also nicht ohne Weiteres vergleichbare Drehmomente bedeuten.

Der Leistungsfaktor kann nunmehr für jeden Fall aus der Gleichung 3 berechnet werden.

Das ist in der folgenden Tabelle geschehen.

Anzahl der Pole	Streufaktor	Grösster Leistungs-Faktor	Leistung	Umdrehungen p. M.
2	0,05	0,91	80	3000
4	0,10	0,835	40	1500
8	0,20	0,715	20	750

56. Frage 2 in **38** würde sich also dahin beantworten, dass die maximale Leistung der Zahl der Umdrehungen in der Minute proportional ist.

Hat nun der vierpolige Motor z. B. eine doppelt so grosse Leistung als der achtpolige, so ist bei gleicher Klemmenspannung seine Stromaufnahme natürlich rund die doppelte, und da die Drahtzahl die halbe ist, so bleibt für Vollbelastung das Stromvolumen pro Nut in beiden Fällen gleich; damit kommen wir auf den in **44** behandelten Fall zurück.

Es ist noch zu beachten, dass bei verschiedenen Polzahlen bei gleicher Zahneisenbeanspruchung das Kranzeisen sehr verschieden beansprucht werden würde; deshalb wird in den seltensten Fällen derselbe Blechschnitt für verschiedene Polzahlen verwendbar sein, man würde vielmehr bei geringer Polzahl grössere Kranzbreite vorsehen müssen, als bei hoher.

Nachteil eines hohen Pulses.*)

57. Die Umdrehungszahl eines Motors ist bestimmt durch den Puls und die Polzahl (siehe Einleitung S. 7) und zugleich nach oben begrenzt durch Festigkeits- und Zweckmässigkeitsgründe. Bei hohem Puls kommt man daher unvermeidlich zu hoher Polzahl und damit nach **44—53** zu ungünstigen Streufaktoren. Dem kann auch durch Verkleinerung des Luftraumes nicht immer abgeholfen werden, weil sich da bald eine Grenze für die mechanische Ausführ-

*) Der Verband deutscher Elektrotechniker empfiehlt als „normalen" Puls 25 oder 50 Perioden pro Sekunde. Soweit es irgend angängig ist, sollte man sich diesem Vorschlage anschliessen, um die Fabrikation „normaler Motoren" zum beliebigen Anschluss an vorhandene Netze zu ermöglichen.

barkeit einstellt, auch werden ja die Motoren für niedrigen Puls schon mit möglichst kleinem Luftraum ausgeführt.

58. Praktisch ist es noch möglich, brauchbare Motoren für 60—100 Perioden pro Sekunde zu bauen, man erhält nur infolge der grossen Streuung nicht so hohe Leistungsfaktoren als bei mässigem Puls und thut daher gut, letzteren zu bevorzugen. Muss man mit hohem Puls arbeiten, so wird man gezwungen sein, den Motor mit ziemlich grossen Abmessungen zu bauen.

59. Ein und derselbe Motor erhält nach **57** für gleiche Umdrehungszahlen eine dem jeweiligen Puls proportionale Polzahl. Die Polflächen sind dabei der Polzahl umgekehrt proportional und, wenn, was allerdings bei verschiedenen Polzahlen nicht immer ohne weiteres möglich ist, die Kraftliniendichte gleich gross gewählt wird, ist deshalb auch der magnetische Fluss umgekehrt proportional der Polzahl. Für die Klemmenspannung gilt die Gleichung

$$E = k\,n\,z_1\,M_1\,10^{-8}$$

oder, wenn wir wieder mit ζ die Zahl der Drähte pro Pol und Phase bezeichnen ($2\,p\zeta = z_1$)

$$E = k\,n\,2\,p\,\zeta\,M_1\,10^{-8}$$

oder

$$\zeta = \frac{E \cdot 10^{-8}}{k\,n\,2\,p\,M_1}.$$

Da sich M_1 mit $2\,p$ umgekehrt proportional ändert, so können wir schreiben

$$n\,\zeta = \frac{E}{k'}$$

in Worten, das Produkt Puls mal Zahl der Drähte pro Pol ist — immer gleiche Kraftliniendichten vorausgesetzt — konstant. Es folgt unmittelbar, dass die Zahl der gesamten Drähte rings um den Lauf unveränderlich ist und ebenso das Produkt Puls mal Kraftlinienzahl pro Pol.

Jetzt ist der Magnetisierungsstrom direkt proportional dem Quotienten Kraftliniendichte $\mathfrak{B}$: Zahl der wirksamen Drähte pro Pol

$$J_0 = \frac{const. \times \mathfrak{B}}{\zeta} = n\ const.$$

also auch proportional dem Puls.

Der Streufaktor ist nach Gleichung 12*) umgekehrt proportional der Polteilung also direkt proportional dem Puls.

---

*) S. 48.

Der Durchmesser des Heyland-Behrend'schen Kreises ist daher bei gleichen Umdrehungszahlen für alle Periodenzahlen konstant, weil bei gleichem $\mathfrak{B}$

$$J_0 = const._1 n$$

$$\sigma = const._2 n$$

$$\sigma = \frac{J_0}{J_k} \text{ (sehr angenähert)}$$

$$J_k = const.$$

60. Fig. 26 zeigt das Kreis-Diagramm desselben Motors für verschiedenen Puls. Die grösste Leistung, welche der Motor aufnehmen und daher auch abgeben kann, ist bei gleichen

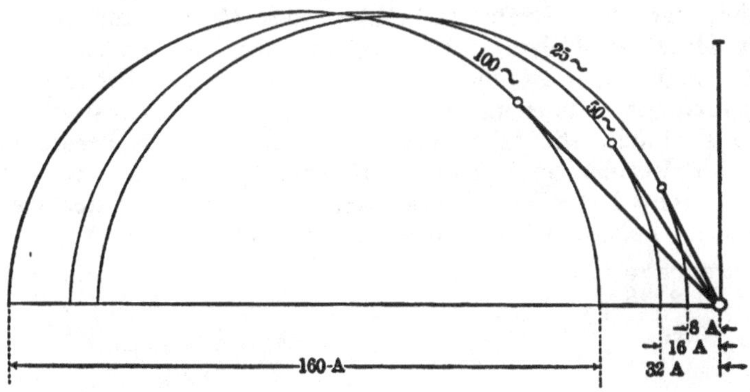

Fig. 26.

Umdrehungszahlen für 100, 50 oder 25 Perioden dieselbe, aber der grösste Leistungsfaktor ist für hohen Puls bedeutend kleiner. Aus der folgenden Tabelle ist ersichtlich, wie der Puls den Streu- und Leistungsfaktor beeinflusst.

Frequenz	Streu-Factor	Grösster Leistungs-Factor
25	0,05	0,91
50	0,10	0,83
100	0,20	0,715

61. Alles dies gilt freilich streng nur in der Theorie, praktisch lässt sich die Kraftliniendichte bei verschiedenem Puls mit Rücksicht auf die Eisenverluste nicht auf gleicher Höhe halten. Dadurch wird der Motor für höheren Puls noch ungünstiger.

62. Es sei daran erinnert, dass der Strom im Anker vom Streufaktor insofern abhängig ist, als der Übertragungsfaktor υ_1 einen Teil des Streufaktors bildet. Die Übertragungsfaktoren υ_1 und υ_2 sind ja mit σ durch Gleichung 2*) verknüpft.

63. Da $J_2 = \overline{AD}\,\frac{Z_1}{Z_2} \times \frac{1}{\upsilon_1}$ ist (s. Fig. 10), so folgt, dass die Stromstärke im Anker eines mit hohem Puls arbeitenden Motors grösser ist, als die für einen Motor, der z. B. nur mit 25 Perioden läuft. Setzt man $\upsilon_1 = \upsilon_2$, so erhält man in unserem Falle beim Puls 25 für $\upsilon = 0{,}978$ und bei 100 Perioden 0,912; daher ist der Strom im Anker des Motors für $n = 100$ bei derselben Leistung 1,07 mal grösser, als im Läufer des Motors für 25 Perioden. Das entspricht einer Erhöhung der Verluste im Anker um 14%. Da aber der Primärstrom für 100 Perioden ebenfalls grösser ist, als für 25 Perioden, so ist der Verlust noch grösser als hier berechnet. So kommt zum Nachteil des grossen Magnetisierungsstromes der weitere Nachteil bedeutend grösserer Leistungsverluste hinzu.

---

*) S. 15.

Kapitel V.

Die Berechnung der Drehstrom-Motoren.

1. Beispiel. $A_2 = 200$ PS; $U = 440$; $n = 60$.

64. Die Anwendung der im Vorhergehenden aufgestellten Sätze auf die Berechnung von Drehstrommotoren lässt sich am besten an der Hand praktischer Beispiele besprechen. Zu diesem Zweck soll zunächst ein Drehstrommotor für eine Leistung von 200 PS. bei 440 Umdrehungen in der Minute und 60 Perioden berechnet werden.*) Die Spannung betrage 2000 Volt. Es ist gleich ein ziemlich aussergewöhnlicher Fall angenommen, — eine niedrige Drehzahl bei hohem Puls — um zu zeigen, wie weit es möglich ist, für so ungünstige Bedingungen einen zufriedenstellenden Motor zu bauen.

Weitere Bedingungen für den Entwurf mögen sein:

Das grösste Drehmoment entspreche 400 synchronen PS.

Der Motor soll fähig sein, mit dem grössten Drehmoment anzulaufen.

65. Das Drehmoment eines Motors wird bekanntlich in mkg gemessen, das Produkt aus der Anzahl mkg und der Winkelgeschwindigkeit des Motors geteilt durch 75 giebt die Anzahl der Pferdestärken an, welche an der Motorwelle abgegeben werden können.

In den meisten Fällen spricht man von einem Drehmoment, das einer gewissen Leistung, gemessen in PS. bei normaler Geschwindigkeit, entspricht, ohne auf dessen absoluten Wert in mkg Wert zu legen, bringt aber dadurch eine Ungenauig-

*) Dieses erste Beispiel ist dem amerikanischen Original entnommen und durchaus nach diesem durchgeführt. Danach sind eine Reihe neuer Beispiele hinzugefügt und in etwas schärferer Anpassung an die Bedürfnisse des praktischen Konstrukteurs behandelt worden.

keit in seine Ausdrucksweise, weil die Drehzahl ja keine ganz konstante ist; es ist deshalb zweckmässig, eine bestimmte Umdrehungszahl ein für allemal zu Grunde zu legen und hierfür den Synchronismus zu wählen.

Wenn man daher von einem Drehmoment von 400 synchronen Pferdestärken spricht, so kann dieses Drehmoment an sich bei jeder Geschwindigkeit, also bei verschiedenen Leistungen erhalten werden; es ist das Drehmoment gemeint, das mit der Winkelgeschwindigkeit des Läufers, wenn er synchron liefe, 400 Pferdestärken ergäbe.

(Diese Art, das Drehmoment anzugeben, wurde von Steinmetz eingeführt und ist ganz bequem und empfehlenswert, wenn sie sich auch noch nicht allgemein eingebürgert hat.)

66. Wenn der Motor 16-polig gewickelt wird, ergiebt sich eine Synchrongeschwindigkeit von 450 Umdrehungen.

Die Umfangsgeschwindigkeit des Läufers wollen wir zunächst nicht höher als 36 m pro Sekunde wählen. Eine grosse Geschwindigkeit ist erforderlich, um eine grosse Polteilung zu bekommen*), von der, wie oben gezeigt wurde, der Streufaktor abhängig ist. Eine allzu hohe Umfangsgeschwindigkeit ist aber nicht gerade für eine billige Konstruktion geeignet. Man kann wohl sagen, dass man durch die Wahl einer Geschwindigkeit von 36 m in der Sekunde die für den Preis günstigste Grenze schon überschritten hat. Um einen billigen Motor zu bekommen, hätte man vom wirtschaftlichen Standpunkt aus besser eine geringere Geschwindigkeit, etwa 25 m, gewählt. Es ist jedoch auch wieder zweifelhaft, ob es nicht in letzter Linie wirtschaftlich meist am richtigsten ist, die Konstruktion anzunehmen, die die besten Betriebsbedingungen gewährleistet, und für diese ruhig einen etwas höheren Preis zu zahlen.

67. Der Motor erhält einen Durchmesser von 1500 mm entsprechend einer Umfangsgeschwindigkeit von 35,3 m pro Sekunde.

Die Polteilung ist gleich $\frac{1500\,\pi}{16} = 295$ mm.

Der Luftspalt soll gleich 1,5 mm gemacht werden. Massgebend sind bei der Wahl dieser Grösse mechanische Rücksichten.

---

*) Die hohe Umfangsgeschwindigkeit hilft auch die ca. 15% Feldverdichtung kompensieren, die durch die ganz offenen Nuten veranlasst werden.

68. Der Koëfficient *c* in der Formel 12 (in **52**) wird für die Form der Nuten, welche gewählt wird, (Fig. 27) auf 12 geschätzt werden können, so dass man für den Streufaktor

$$\sigma = 12 \cdot \frac{1,5}{295} = 0,061 \text{ erhält.}$$

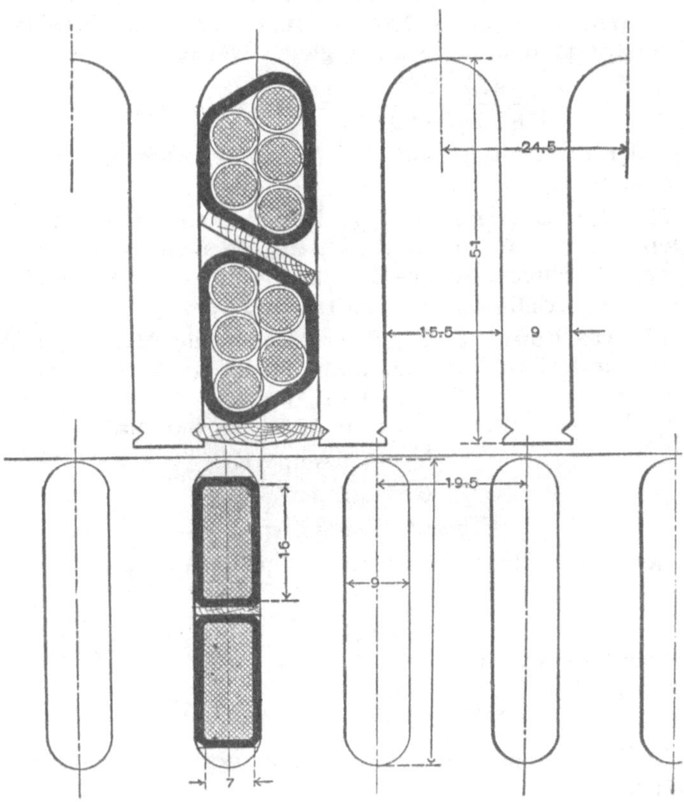

69. Mit diesem Streufaktor kann ein grösster Leistungsfaktor von $\cos.\ \varphi = \frac{1}{2\sigma + 1} = 0,89$ erzielt werden. (vgl. S. 28)*)

---

*) Gleichung (3).

70. Unter vorläufiger Annahme eines Wirkungsgrades von $\eta = 90\%$ und des Leistungsfaktors 0,89 ergiebt sich die Stromstärke

$$J = \frac{200 \cdot 746}{0{,}9 \cdot 0{,}89 \cdot 2000 \sqrt{3}} = 54.^{*)}$$

71. Um ein grösstes Drehmoment von 400 synchr. PS. zu erhalten, muss die grösste Ordinate oder der Radius des Halbkreises in dem Diagramm gleich werden

$$\frac{400 \,.\, 746}{\sqrt{3} \cdot 2000 \cdot 0{,}85} = 101 \text{ Ampère.}$$

wobei der Faktor 0,85 auf der Annahme eines $\eta = 85\%$ für Maximalleistung beruht.

72. Der Leerlaufstrom J_0 kann unmittelbar berechnet werden, wenn man daran denkt, dass der Quotient desselben und des Durchmessers des Halbkreises gleich $\sigma = 0{,}061$ sein muss. Man erhält daher $J_0 = 12$ Ampère.

73. Aus Formel 6 (S. 28) erhält man die Anzahl der Windungen für Pol und Phase, wenn für $\mathfrak{B}$ ein bestimmter Wert angenommen wird. Macht man $\mathfrak{B}$ *max.*, die grösste Kraftliniendichte im Luftraum gleich 5600, so hat man

$$J_\mu = 12 \text{ Ampère}$$

$$d = 1{,}5 \text{ mm}$$

$$\mathfrak{B}\, max. = 5600 \text{ c. g. s.}$$

Setzt man diese Werte in Formel (6)

$$J_\mu = \frac{\mathfrak{B}\, d}{0{,}4\, \pi\, \zeta \sqrt{2}}$$

ein, so erhält man für

$$\zeta = \frac{5600 \cdot 1{,}5}{12 \cdot 0{,}4\, \pi \sqrt{2}} = \text{rd. } 40.$$

verteilt in 4 Nuten à 10 Drähte. Zahl der Ampèredrähte pro Nut also $54 \times 10 = 540$.

74. Die Gesamtzahl der wirksamen Leiter Z für jede Phase ist gleich ζ multipliciert mit der Polzahl d. h.

$$z = 16 \times 40 = 640.$$

75. Jetzt kann man den Kraftfluss pro Pol mit Hülfe der Gleichung 5 bestimmen

---

*) Im amerikanischen Original steht hier natürlich 746, nach hiesigem Gebrauch würde man 736 einsetzen.

$$E = 2{,}22 \cdot 0{,}95 \cdot n \cdot z_1 \cdot M_1 \cdot 10^{-8}$$

$$E = \frac{2000}{\sqrt{3}} \text{ Volt}$$

$$n = 60$$

$$z_1 = 640$$

$$M_1 = 1420000 \text{ c. g. s.}$$

76. In **21** war $M_1 = \frac{2}{\pi} B \tau \mathfrak{B}\, max.$ worin B die Breite des Motors und τ die Polteilung. Diese Formel ist jedoch nur dann richtig, wenn die Nuten des Feldes und des Ankers nahezu geschlossen sind. Beabsichtigt man die Nuten ganz offen herzustellen, so ist $\mathfrak{B}_{max}$ ungefähr 15% kleiner als es in Wahrheit ist, in die Formel einzuführen. Zieht man diese Verringerung in Berechnung, so findet man

$$B = 170 \text{ mm.}$$

Wird in der Mitte des Eisens ein Schlitz von 10 mm Breite für radiale Ventilation gelassen, so ergiebt sich für den Lauf eine Breite von 180 mm.

77. Die Wickelung ist in der Fig. 27 dargestellt.

Die Nuten des Laufs sind 51 mm tief, die des Läufers 41 mm.

Die Stromstärke im Lauf ist 54, bei einer vorläufig angenommenen Stromdichte von 2 $^{\text{Amp.}}/_{\text{qmm}}$, kommen wir auf ca. 27 qmm, entsprechend einem Draht von 5,8 mm Φ bl. = 6,4 mm Φ besp.

78. Die maximale Kraftliniendichte in der Luft war in 71 zu 5600 angenommen. Mit diesem Wert finden wir die grösste Sättigung im Zahneisen (pro Pol 12 Zähne à 0,9 cm Breite; Teilung = 29,5 cm).

$$\mathfrak{B}_z = 5600 \cdot \frac{29{,}5}{12 \cdot 0{,}9} = \text{ca. } 15000.^{*)}$$

Die Kraftliniendichte im Kranz d. i. im Eisen über den Zähnen, wird mit Rücksicht (auf die zulässigen Eisenverluste) im vorliegenden Falle zu 3000 gewählt, hieraus ergiebt sich eine Kranzbreite von 15 cm.

---

*) Der Einfluss der Isolation der Bleche ist hier ausser Acht gelassen.

Jetzt können bereits die Hauptabmessungen des Motors aufgezeichnet werden, wie es in Fig. 28 geschehen ist.

Aus der Figur ergiebt sich dann ohne Weiteres die mittlere Länge eines Drahtes auf dem Lauf = 0,062 m; es folgt für den primären Widerstand (warm) $= \frac{z\, l_m}{q}\, 0{,}02 = 0{,}3$ Ohm pro Phase, ebenso für den sekundären Widerstand = 0,016 Ohm pro Phase.

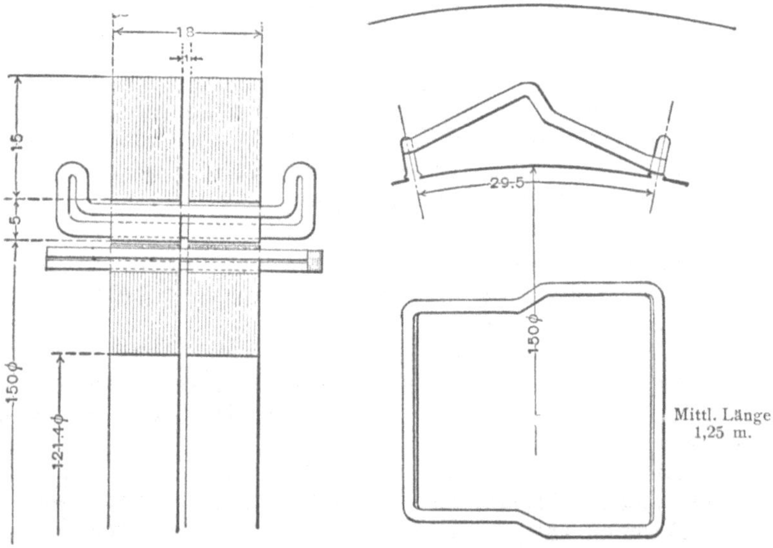

Fig. 28.

Der Verlust im Eisen wird mit Hilfe der Kurven*) Fig. 29a u. b ermittelt. Das Gewicht des primären Kranzes ist 870 kg, die Kraftliniendichte 3000, woraus für 1 kg beim Puls 50 0,7 Watt, für den ganzen Kranz also 610 Watt folgt. Wir begehen keinen grossen Fehler, wenn wir die Verluste für den Puls 60 einfach durch Reduktion mit $^6/_5$ berechnen und finden 730 Watt.

*) Die Kurven gelten für eine bestimmte Eisensorte und bestimmte Blechstärken und müssen für jedes andere Material besonders aufgenommen werden; da aber eine Rechnung ohne diese Kurven nicht möglich ist, wird hier das den Kurven zu Grunde liegende Material als vorhanden angenommen; gegenwärtig giebt es Eisensorten, die viel besser sind, als die hier angenommene. Daher ist eine Erhöhung der abgelesenen Werte (vgl. 25) nicht mehr nötig.

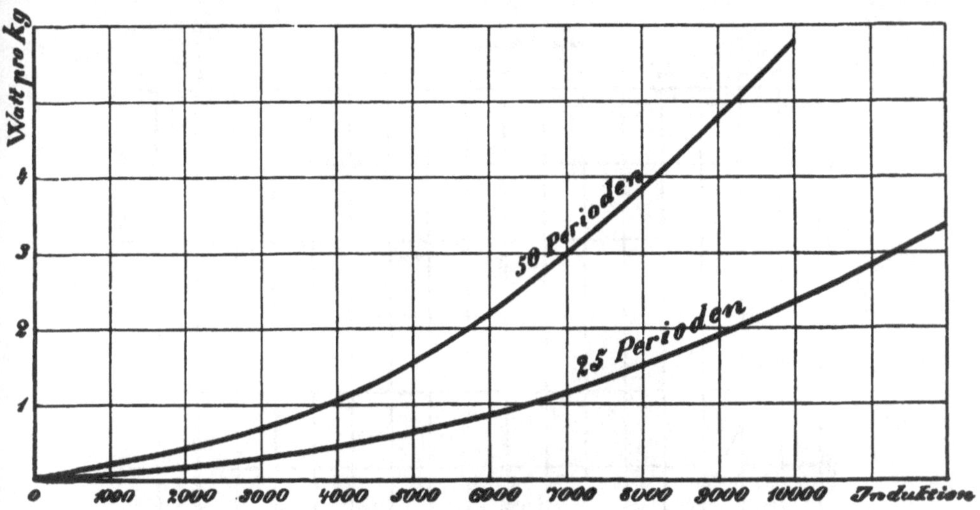

Fig. 29 a.
Eisenverluste pro kg. Eisenbleche von 0,5 mm Stärke.

Das Gewicht der Zähne ist 40 kg, die Kraftliniendichte 13000, Verluste pro kg beim Puls 50=9 Watt, im Ganzen also 360, beim Puls 60 daher ca. 440 Watt.

79. Alle Werte, die erforderlich sind, um das Verhalten des Motors bei Belastung und beim Anlaufen vorher zu bestimmen, sind jetzt gegeben und werden zur Berechnung der Kurven Fig. 31 verwendet.

Nach dem in den früheren Kapiteln Gesagten wäre es überflüssig zu erklären, wie diese Kurven zum Teil mit Hilfe der Fig. 30 und zum Teil mit Hilfe der früheren Formeln entstanden sind.

80. Für die Berechnung des Wirkungsgrades ist im vorliegenden Falle angenommen, dass der durch die Reibung und den Luftwiderstand verursachte Verlust bei allen Geschwindigkeiten konstant ist. Dass dieses nicht genau ist, braucht kaum besonders gesagt zu werden, eine bessere Rechnung ist aber zur Zeit nicht leicht möglich. Die grösste Genauigkeit an dieser Stelle ist übrigens keine unerlässliche Forderung.

81. Die Ordinaten der ausgezogenen Kurve der Fig. 30 messen die Leistung des Motors mit Läufer von geringem Widerstand und besonderem äusserem Anlasser.

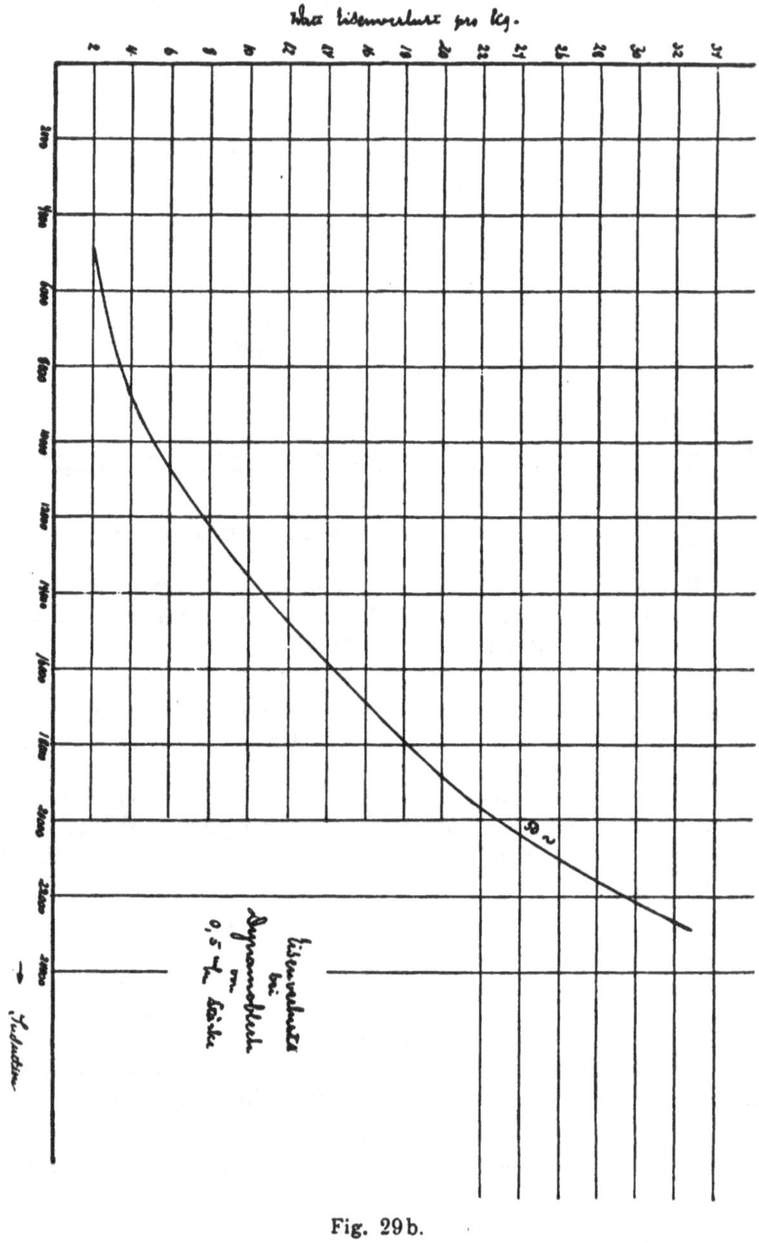
Watt Eisenverlust pro Kg.
Eisenverluste bei Dynamoblech von 0,5 mm Stärke
Induction

Fig. 29b.

82. Die Ordinaten der punktirten Kurve messen die Leistung dcs Motors mit einem Käfiganker von ausreichendem Widerstand, um unter Last anlaufen zu können. Der Widerstand dieses Ankers ist 6 mal so gross als der eines Ankers mit Anlasser. Ein Blick auf das Diagramm zeigt den ungeheuren Rückgang der Leistung, mit dem man den Vorteil ohne Schleifringe arbeiten zu können, erkauft. Noch deutlicher ersieht man diesen Nachteil aus den Kurven der Fig. 31. In derselben stellen die Abscissen den Verbrauch in Kwtt. dar, während die Ordinaten den Primärstrom, die Leistung, den Wirkungsgrad und den Leistungsfaktor angeben, und zwar die ausgezogenen Kurven die verschiedenen Werte für den Motor mit Anlasser und die punktierten Kurven für den Motor mit Kurzschluss-Anker.

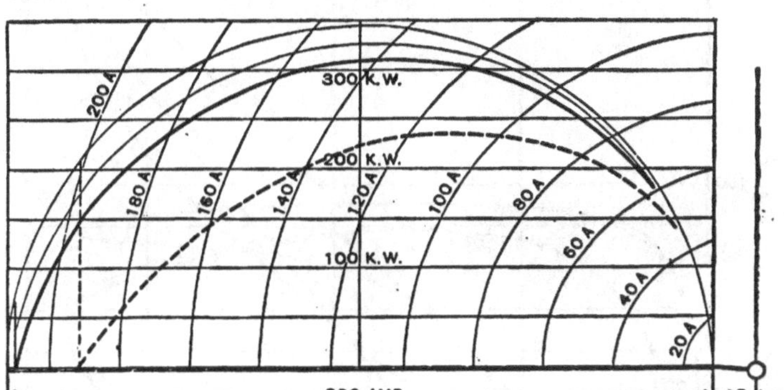

Fig. 30.

83. Der Primärstrom bleibt natürlich in beiden Fällen ebenso wie der Leistungsfaktor unverändert. Aber die Leistung und daher der Wirkungsgrad des Motors mit Kurzschluss-Anker werden sehr von dem hohen Widerstand des Ankers beeinflusst. Für ein Anlaufmoment, welches gleich dem Drehmoment bei normaler Belastung ist, hat man ferner einen Strom nötig, der fast 4 mal so gross ist, als der Strom bei normaler Belastung; ein recht mässiges Resultat!

84. Die Weglassung eines besonderen Anlassers — möge er sich entweder mit dem Motor drehen oder ausserhalb des Läufers angebracht, und durch Schleifringe angeschlossen sein, — bedeutet ferner unvermeidlich nicht nur eine bedeutende Herabsetzung der normalen Leistung und eine Verminderung des Wirkungsgrades, sondern auch, wie die Fig. 30 und 31 zeigen, eine Verminderung der maximalen Leistung, sodass Gefahr vorhanden ist, dass der Motor schon bei geringer zeitweiliger Überlastung abfällt.

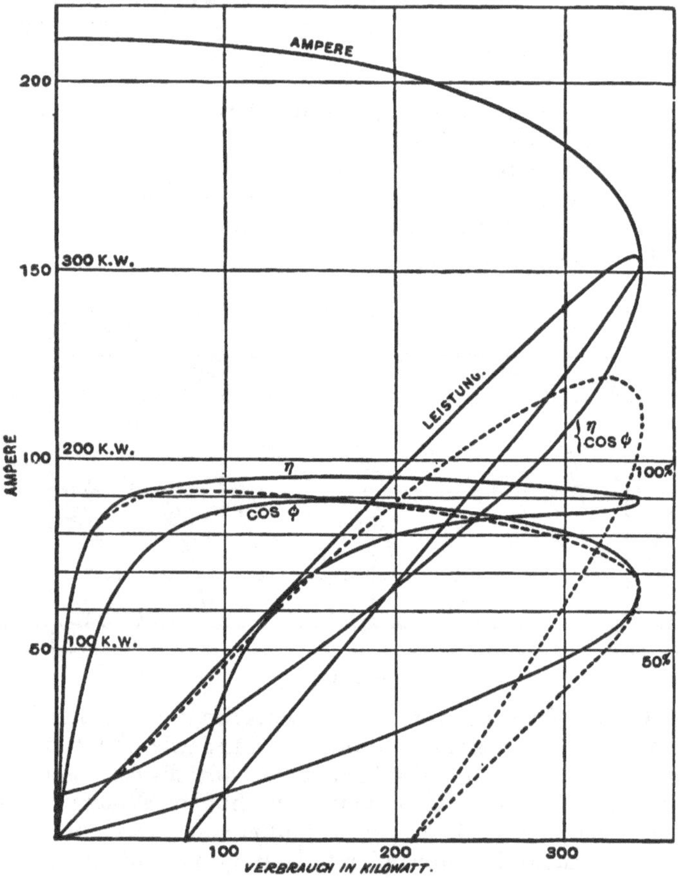

Fig. 31.

85. Bei der Berechnung des Wirkungsgrades sind die zusätzlichen Verluste bei der Belastung nicht berücksichtigt worden. Sie beeinflussen, wie früher gesagt wurde, den Wirkungsgrad unter Umständen in ziemlich starkem Masse, jedoch ist es bisher noch nicht möglich, sie auch nur annähernd richtig für die verschiedenen Belastungen vorher zu bestimmen.

Tabelle für den 200 PS. Drehstrom-Motor für 2000 Volt, bei n = 60 u. 440 Umdrehungen pro Min.

Verbrauch in Watt	Stromstärke		Ohmscher Verlust in Watt		Leistung in Watt	Drehmoment in synchronen Watt	Schlüpfung	Wirkungsgrad η	Leistungs-Faktor $\cos\varphi$	Dem Drehmoment entsprech. Anlass Widerstand	Ohmscher Verlust im Kurzschluss-Anker	Leistung in Watt	Schlüpfung	Wirkungsgrad η
	im Lauf	im Läufer	im Lauf	im Läufer										
52600	20	60	336	175	48790	48965	0,0030	0,927	0,76	4,44	1,100	47855	0,0225	0,91
124000	40	148	1350	1050	118300	119350	0,0988	0,955	0,89	1,80	6,300	113050	0,0528	0,911
159000	51	193	2190	1790	151720	153410	0,0117	0,954	0,90	1,35	10,740	142770	0,07	0,897
185000	60	230	3040	2550	176100	188650	0,0143	0,952	0,89	1,11	15,350	163300	0,086	0,822
240000	80	307	5400	4530	226770	231300	0,0196	0,947	0,868	0,80	27,130	204170	0,117	0,852
287000	100	386	8400	7150	268150	275300	0,026	0,935	0,83	0,60	43,150	231150	0,157	0,895
322000	120	465	12000	10400	296200	306600	0,0333	0,920	0,78	0,459	62,400	244200	0,203	0,76
343000	140	545	16500	14300	309000	323300	0,0443	0,90	0,705	0,346	85,600	237700	0,265	0,693
346000	160	623	21500	18800	302400	321200	0,0585	0,875	0,625	0,260	112,800	208400	0,351	0,602
315000	180	700	27300	23600	260800	284400	0,083	0,828	0,505	0,178	141,600	141800	0,497	0,45
325000	200	780	33600	29800	158800	188100	0,156	0,705	0,325	0,07	175,300	12800	0,93	0,057

Der Anlass-Widerstand.

86. Um den Widerstand des Anlassers zu berechnen, ist es zweckmässig, eine Kurve zu entwerfen, die das Drehmoment, die Stromstärken und die Spannungen im Läufer als Funktion des Widerstandes darstellen. Dies ist leicht, wenn man sich erinnert, dass im Moment des Anziehens auch die sonst an der Welle des Motors verfügbare mechanische Leistung in Wärme umgesetzt werden muss. Man findet daher den Anlass-Widerstand pro Phase für das normale Drehmoment dadurch, dass man den dritten Teil der dem Drehmoment entsprechenden Leistung durch das Quadrat des Ankerstromes teilt. Auf diese Weise ist die Kurve für die Zugkraft gemäss Fig. 32 entstanden.

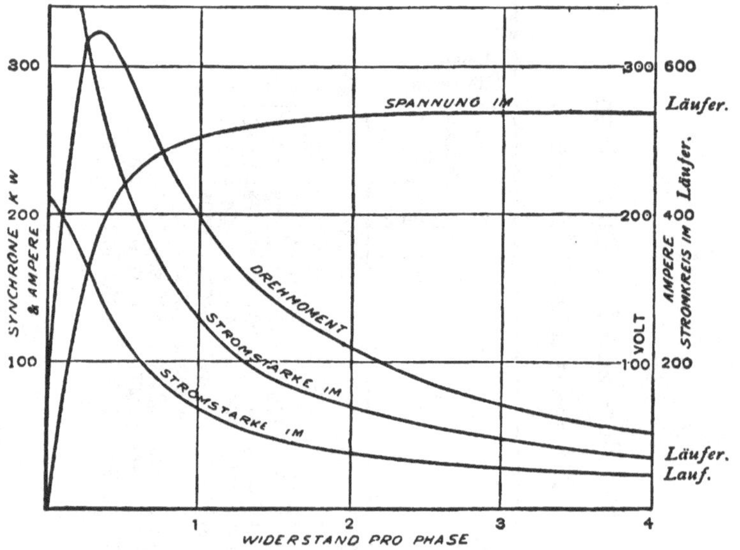

Fig. 32.

Für ein synchrones Drehmoment von 200 PS. Tab. Seite 69 Zeile 3 findet man z. B.

$$w_A = \frac{200 \cdot 736}{3 \cdot 193^2} = 1{,}35 \text{ Ohm}$$

und $E_2 = 1{,}35 \cdot 193 \sqrt{3} = 450$ Volt a. d. Schleifringen bei Stillstand, d. i. 260 V. p. Phase u. s. w.
Die drei Zweige des Anlassers sind dabei in Stern zu schalten.

Aus der Kurve kann man die Abhängigkeit des Anlaufstromes, die Zugkraft und die Spannung an den Schleifringen des Ankers vom Anlasswiderstand leicht ersehen. Die letztere ist beträchtlich bei einem kleinen Anlauf-Drehmoment und die Wickelung des Ankers muss daher sorgfältig isoliert sein. Ausnahmen bilden Anker für gemeinsames Anlassen von Motor und Generator. Vgl. **166.**

Schlüpfung und Drehmoment.

87. Figur 33 endlich stellt das Drehmoment als Funktion der Schlüpfung dar. Die Kurven zeigen, dass das grösste Drehmoment, welches erreicht werden kann, innerhalb gewisser

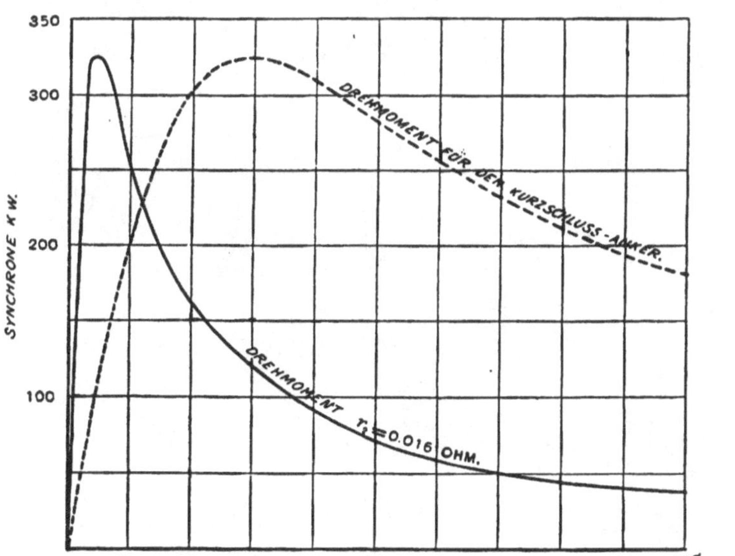

Fig. 33.

Grenzen vollkommen unabhängig von dem Anker-Widerstand ist. Die Wirkung eines grösseren Anker-Widerstandes besteht zunächst nur darin, dass sich dasselbe Dreh-

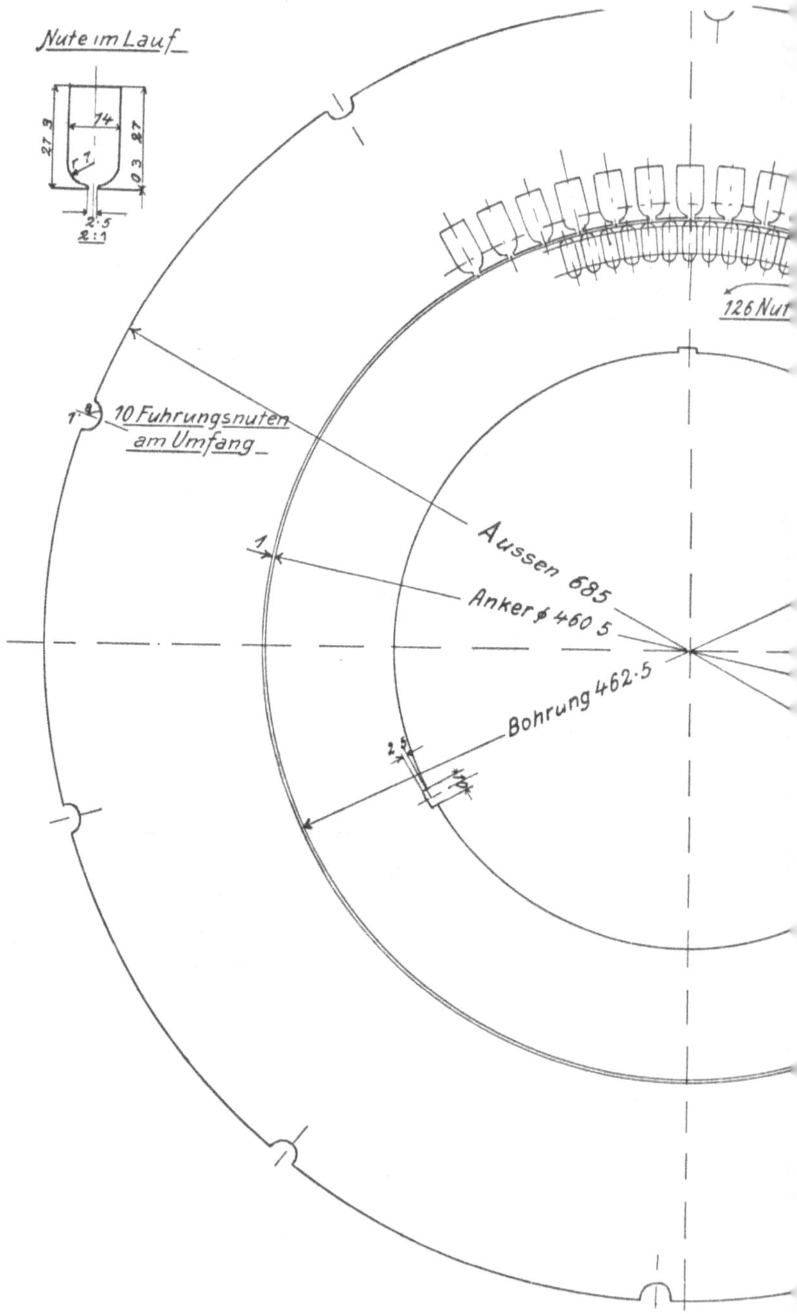

Fig. 34a. **Blechschnitt zum 40**
Beis

Tafel I.

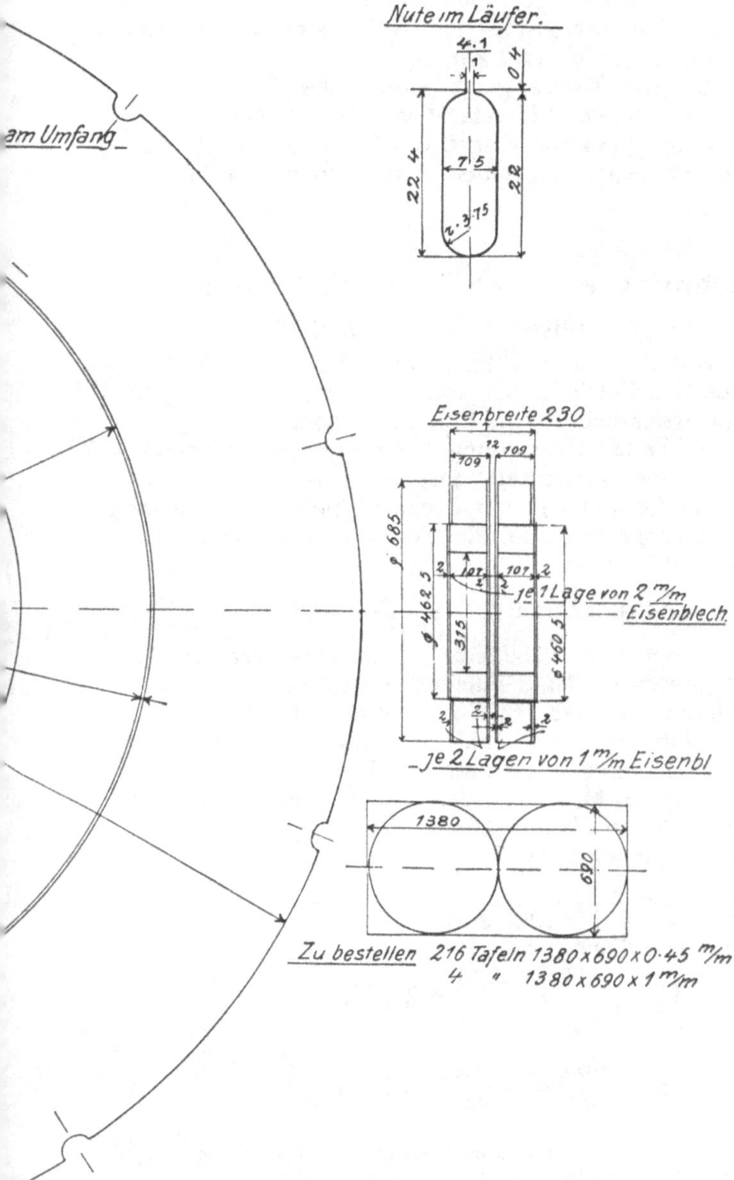

ommotor von Kolben & Co.

moment statt bei einer geringen, bei einer bedeutenden Schlüpfung ergiebt (vgl. **25**).

Die ausgezogene Kurve giebt wieder das Drehmoment für den Anker mit einem Widerstand von 0,016 Ohm für die Phase, während die punktirte Kurve das Drehmoment für den Kurzschluss-Anker zeigt, der einen 6 mal grösseren Widerstand hat.

II. Nachrechnung eines 40 PS. Drehstrommotors

erbaut von Kolben & Co., Prag 1902.

88. Laut Angabe: $A_2 = 40$ PS.; $U = {}^{1000}/_{960}$; $n = 50$; $E =$ 380 Volt. Aus den Zeichnungen sind die Hauptabmessungen ohne Weiteres ersichtlich. Vgl. Fig. 34 u. 34a.

89. Bei der ersten Beurteilung bildet der „Ausnützungsgrad" ein wertvolles Hilfsmittel: ausgehend von der Ueberlegung, dass die Leistung gleich Drehzahl mal Drehmoment ist und Letzteres proportional mit der Polfläche und dem Durchmesser wächst, bildet man

$$\text{Ausnützungsgrad } C = \frac{Kwtt}{D^2 B U} \cdot 10^x \qquad (16)$$

wobei 10^x ein Proportionalitätsfaktor ist, der entsprechend den für D und B gewählten Masseinheiten einzusetzen ist. Bei normalen Drehstrommotoren ist C im Mittel $= 1$.

Bei der Einführung dieser Zahl muss man sich allerdings Gewissheit darüber verschaffen, nach welchen Gesichtspunkten die Normalleistung des Motors bestimmt wurde, weil man sonst nicht zu vergleichbaren Zahlen kommt.*)

90. Ausnützungsgrad:

$$C = \frac{PS \cdot 736}{D^2 \times B \times U} = \frac{40 \cdot 736}{463^2 \cdot 230 \cdot 960} = 0{,}63 \cdot 10^x \text{ (also niedrig)}$$

Umfangsgeschwindigkeit:

$$V_u = \frac{0{,}46 \cdot \pi \cdot 960}{60} = 23{,}2 \text{ m.}$$

Polzahl:

$$p = \frac{60\,n}{U} = \frac{3000}{U} \qquad p = 3$$

*) Im allgemeinen wird als Normalleistung bei Motoren der vorliegenden Grösse etwa die halbe Maximalgrösse angenommen.

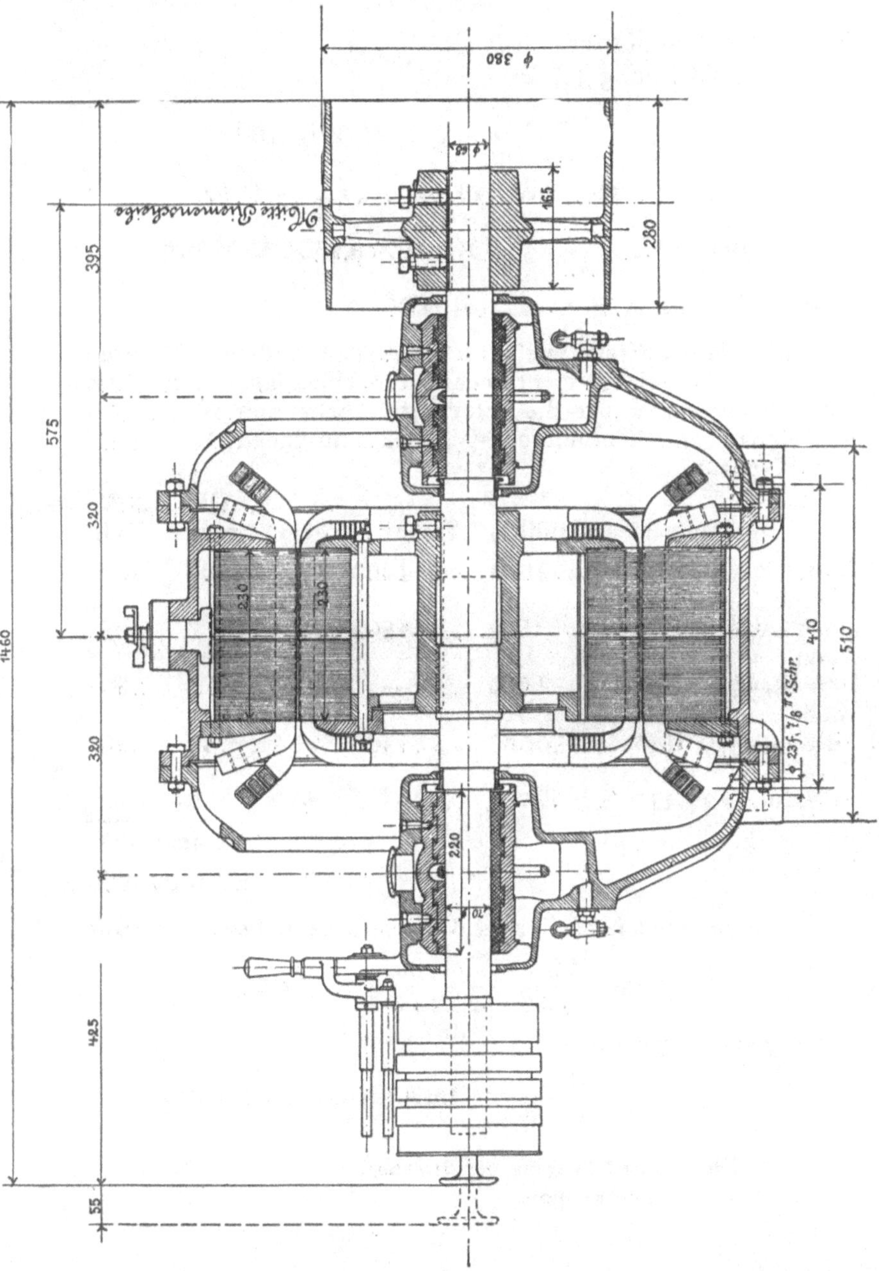

Fig. 34.

Drehstrommotor von Kolben & Co.

$A_2 = 40$ PS; $U = {}^{1000}/_{960}$; $n = 50$; $E = 380$ Volt; $\zeta = 24$; $p = 3$.

Magnetischer Kreis:

Nach Gleichung (4) ist

$$E = \sqrt{3} \times \frac{\pi}{\sqrt{2}} \times n \times z_1 \times M_1 \times \beta \cdot 10^{-8}$$

$\beta = 0{,}96$ (4 Nuten pro Pol und Phase, vgl. 19)

$$380 = \sqrt{3} \times \frac{\pi}{\sqrt{2}} \times 50 \times 144 \times 0{,}95 \times M_1 \times 10^{-8}$$

Gesamt-Fluss: $M_1 =$ ca. 1 440 000.

91. Da bei diesen wie bei nahezu allen modernen Motoren der Eisenpfad einen nicht mehr vernachlässigbaren Einfluss hat, so berechnen wir die Erregung in bekannter Weise nach der Hopkinson'schen Methode (Vgl. **22**) und finden für Leerlauf pro Polpaar:

	Q in qcm	𝔅 mitt.*)	𝔅 max.*)	l in cm	AW pro cm	AW i. G.
Luft	530	ca. 2800	ca. 4400	0,2	3500	700
Zähne des Laufs	170	„ 8800	„ 13800	5,4	7	38
Kranz des Laufs	2×184	„ 4800	„ —	30,0	1	30
Zähne d. Läufers	145	„ 10500	„ 16400	4,4	40	180
Kranz d. Läufers	2×115	„ 7700	„ —	20,0	2	40
					Summe	988

d. i. ca. 1000 AW.

Hieraus folgt nach Formel 6 für den Magnetisierungsstrom

$$J_\mu = \frac{AW}{2\,\zeta\,\sqrt{2}} = \frac{1000}{2 \cdot 24\,\sqrt{2}} = 14{,}8\ ^{**)}$$

oder genauer gerechnet

$$J_\mu = \frac{AW}{1{,}865\,\zeta\,\sqrt{2}} = 15{,}8 \text{ (gemessen 16) Amp.}$$

*) Unter Vernachlässigung der Streuung.

**) Nach Behrend's Formel.

92. Eisenverluste:

Gewicht des Kranzes ca. 270 kg; $\mathfrak{B} = 4800$

" der Zähne " 30 " $\mathfrak{B} = 13800$

Bei $\mathfrak{B} = 4800$ verursacht 1 kg Eisen 1,5 Watt Verlust } siehe
" $\mathfrak{B} = 13800$ " 1 " " 10 " " } Fig. 29

Verluste im Kranz ca. 400 Watt
" in den Zähnen 300 "

Gesamteisenverlust 700 Watt (gemessen wurden 950 Watt)

Die Verluste bedingen einen Wattstrom bei Leerlauf von

$$J_h = \frac{950}{\sqrt{3} \cdot 380} = \text{ca. } 1{,}5$$

(Dieser geringe Wert beeinflusst die Leerlaufstromstärke kaum, denn

$$J_o = \sqrt{J_\mu^2 + J_h^2} = \sqrt{258} = \text{ca. } 16.$$

93. Kurzschluss-Strom. Berechnung nach Siewert, siehe Anmerkung zu **53.**

$$k_o = 8;\; k_p = 1{,}2;\; \vartheta = 1{,}2;\; k_s = 1{,}2$$

$$J_o = 16 \; (1000 \; AW.)$$

Auf Laufeisen und Luft allein kommen nur 780 AW. J_o ist daher zu reduzieren im Verhältnis

$$J_o \cdot \frac{780}{1000} = 12{,}5 \text{ Amp.}$$

(Alle Masse für Längen hier in cm.)

$$\frac{1}{w_{p^1}} = \frac{a}{2c} = \frac{2}{2 \cdot 1{,}4} \qquad w_{p^1} = 1{,}4$$

$$\frac{1}{w_{p^2}} = \frac{2g}{c+f} + \frac{e}{f} = \frac{1{,}4}{1{,}65} + \frac{0{,}03}{0{,}25} \qquad w_{p_2} = 1{,}18$$

$$\frac{1}{w_s} = \frac{2g^1}{c^1+f^1} + \frac{e^1}{f^1} = \frac{0{,}75}{0{,}9} + \frac{0{,}04}{0{,}1} \qquad w_s = 1{,}14$$

$$\frac{1}{w_z} = \frac{\text{Zahnkrone}}{2d} = \frac{2}{0{,}2} \qquad w_z = 0{,}1$$

$$\gamma = \frac{3}{2} \cdot \frac{k_{p^1}}{w_{p^1}} + \frac{k_p}{w_{p^2}} + \frac{k_s}{w_s}$$

$$= \frac{3}{2} \cdot \frac{1{,}2}{1{,}4} + \frac{1{,}2}{1{,}18} + \frac{1{,}2}{1{,}14}$$

$$= 3{,}34$$

$$J_k = J_o \text{ reduciert } \frac{\vartheta k_o}{w_2 \cdot \gamma}$$
$$= \frac{12{,}5 \cdot 1{,}2 \cdot 8}{0{,}1 \cdot 3{,}34}$$
$$= 360 \text{ Amp.}$$

Gemessen wurde bei $\cos.\varphi = 0{,}23$, 310 Ampère, d. i. reduziert auf den ideellen Kurzschlussstrom sehr angenähert

$$\frac{310}{\sin\varphi} = \text{ca. } 320 \text{ Amp.}$$

Die Rechnung ergiebt einen um ca. 12% zu grossen Wert.

94. Jetzt kann das Kreisdiagramm gezeichnet werden (Fig. 35). Daraus ergiebt sich für normale Leistung.

Primärstrom	54 Amp. (324 A.W. pro Nut)
Sekundärstrom	55 „
Leistungsfaktor	0,91
Maximalleistung	112 PS.

Der Streufaktor.

$$\sigma = \frac{J_o}{J_k - J_o} = \frac{15{,}8}{344} = 0{,}046 \text{ berechnet}$$

$$\text{gegen } \frac{16}{324} = 0{,}049 \text{ gemessen.}$$

Für die Konstante in Formel 12 (S.48) würde man erhalten,

$$\text{da } \sigma = c\frac{d}{\tau} \qquad d = 1 \qquad \tau = \frac{465\,\pi}{6} = 243$$

$$c = \frac{0{,}049 \cdot 243}{1} = 12$$

Für $\cos.\varphi\, max.$ folgt

$$\cos.\varphi\, max. = \frac{1}{2\sigma + 1} = 0{,}91$$

95. Der Wirkungsgrad berechnet sich wie folgt:

Stromwärme primär (nach Angabe)	670 Watt
„ sekundär „ „	550 „
Eisenverluste	950 „
Reibung	600 „
Leistung	29 400 „
Verbrauch	32 170 Watt

daher

$$\eta = \frac{\text{Leistung}}{\text{Verbrauch}} = \frac{29\,400}{32\,170} = 91\%.$$

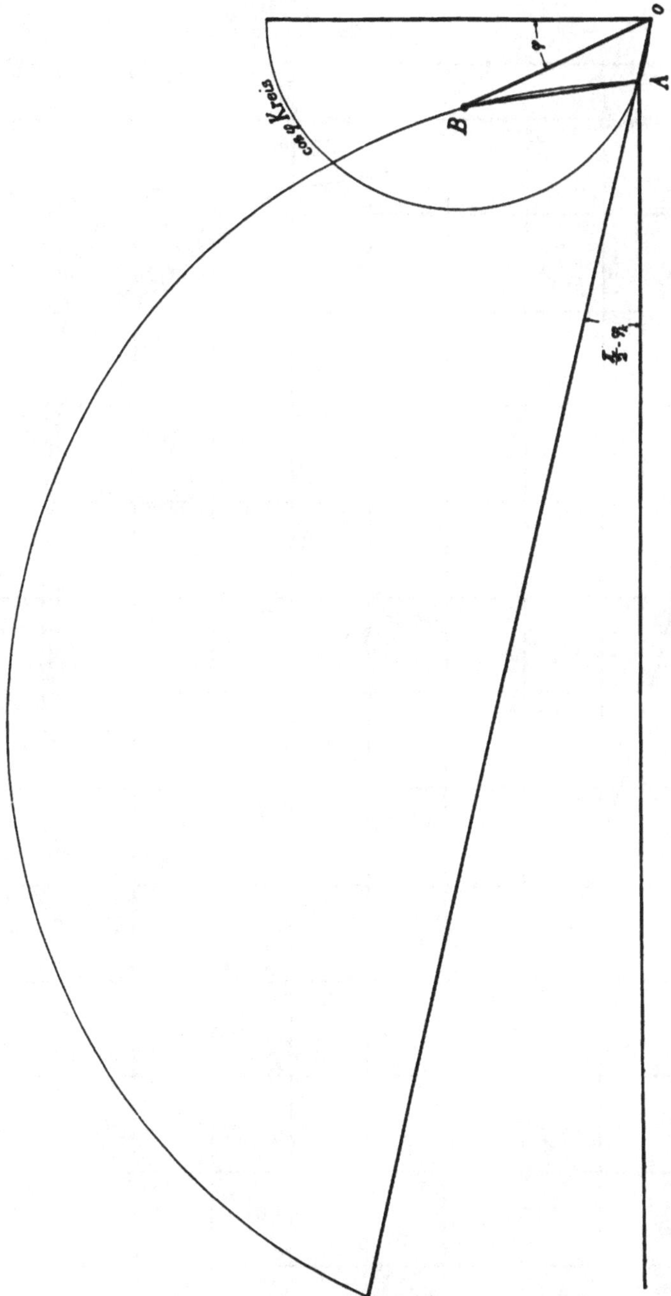

Fig. 35.

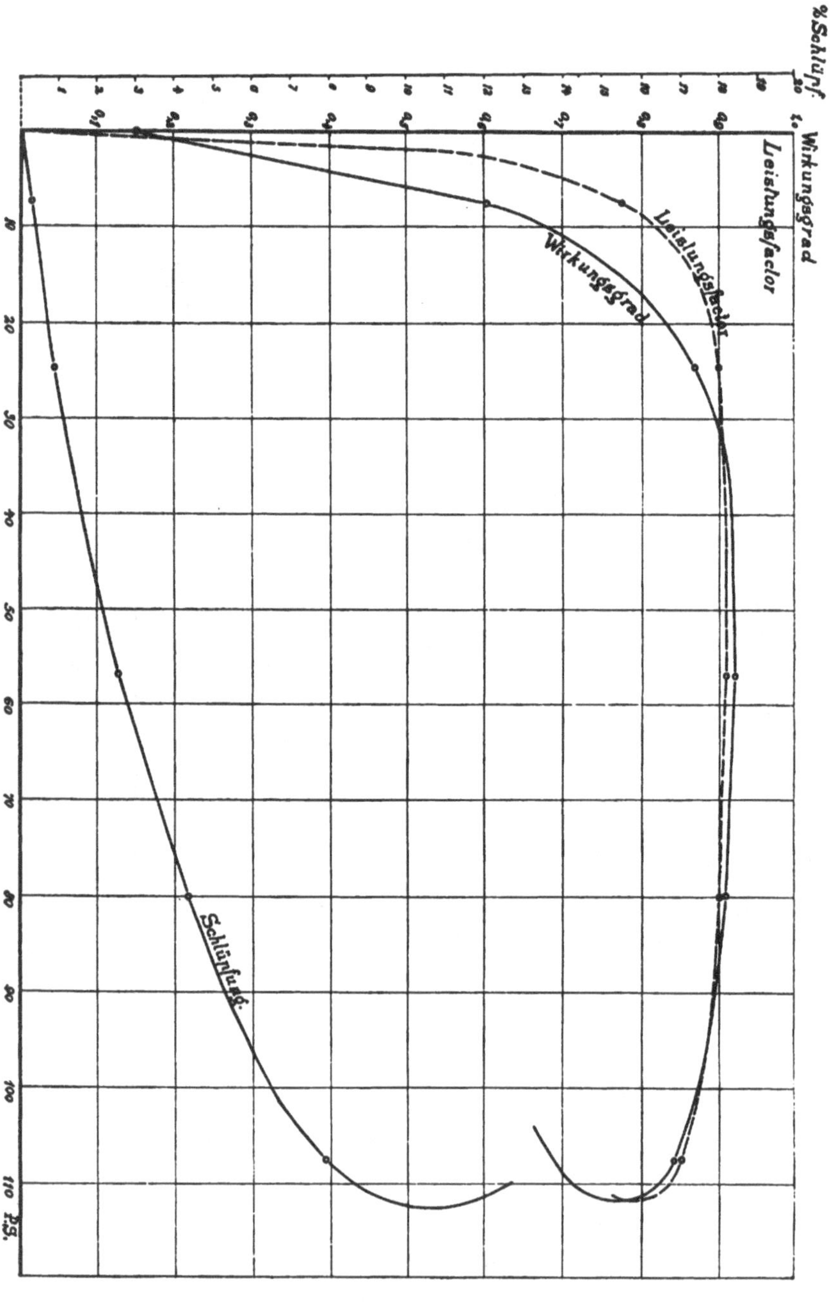

% Schlüpf.
Wirkungsgrad
Leistungsfactor
Leistungsfactor
Wirkungsgrad
Schlüpfung
P.S.

Fig. 36.

96. Schlüpfung

$$s = \frac{3\,J_2^2\,w_2}{A_2 + 3\,J_2^2\,w_2} = \frac{550}{29900} = 1{,}9\%.$$

III. Nachrechnung eines 375 PS. Drehstrommotors

erbaut von Kolben & Co., Prag.

97. Laut Angabe: $A_2 = 375$ PS.; $U = {}^{315}/_{306}$; $n = 21$; $E = 500$.

Die Hauptabmessungen sind aus der Zeichnung zu entnehmen. (Fig. 37, Tafel II; Fig. 57, Tafel VIII; Tafel X)

Ausnützungsgrad:

$$C = \frac{PS \times 736}{D^2 \times B \times U} = \frac{375 \times 736}{1356^2 \times 310 \times 306} = \text{ca. } 1{,}6 \cdot 10^{\chi}$$

Der Ausnützungsgrad ist hier ganz wesentlich grösser, als im vorhergehenden Beispiel; das erklärt sich daraus, dass infolge des niedrigeren Pulses die Kraftliniendichte wesentlich höher gewählt wurde. Folgende Rechnung ist interessant:

$$C_1 \cdot \frac{Vu_2}{Vu_1} \cdot \frac{\mathfrak{B}_{\text{Luft}_2}^2}{\mathfrak{B}_{\text{Luft}_1}^2} = 0{,}61\ \frac{21{,}8}{23{,}2} \cdot \frac{4650^2}{2800^2} = 1{,}63\ \ 10^{\chi} = C_2$$

Index 1 bezeichnet den Motor aus Beispiel II, Index 2 den vorliegenden. Man vergleiche hierzu unter 116, S. 99.

Umfangsgeschwindigkeit:

$$Vu = \frac{1{,}36 \cdot \pi \cdot 306}{60} = 21{,}8\ m/sek.$$

98. Magnetischer Kreis:

$$E = \sqrt{3}\,\frac{\pi}{\sqrt{2}} \cdot n \cdot z_1 \cdot M_1 \cdot \beta \cdot 10^{-8}$$

$$500 = \sqrt{3}\,\frac{\pi}{\sqrt{2}} \cdot 21 \cdot 96 \cdot M_1 \cdot 0{,}96\ \ 10^{-8}$$

Gesamtfluss $M_1 =$ ca. 6800000

Polbogen $\tau = \dfrac{1356 \cdot \pi}{8} = 532$ mm

Blechbreite $= 274$ mm

Polaustrittsfläche $= 1460$ qcm. (Beiderseits nahezu geschlossene Nuten.)

	Q. i. qcm.	$\mathfrak{B}$ mitt.*)	$\mathfrak{B}$ max.	l in cm	AW. pro cm.	AW. i. G.
Luft	1460	4650	7300	0,35	5830	2040
Zähne d. Laufs	592	11500	18000	4,3	80	344
Kranz d. Laufs	2×430	7900	—	ca. 55	3	165
Zähne d. Läuf.	430	17000	26600	2,5	200	410
Kranz d. Läuf.	2×410	8300	—	ca. 50	3	150
					Summe	3179 AW.
					= rd.	3200 „

Magnetisierungsstrom:

$$J_\mu = \frac{AW}{1{,}865\,\zeta\,\sqrt{2}} = 110 \text{ Amp.}$$

99. Die weitere Rechnung entspricht genau der in Beispiel II durchgeführten.

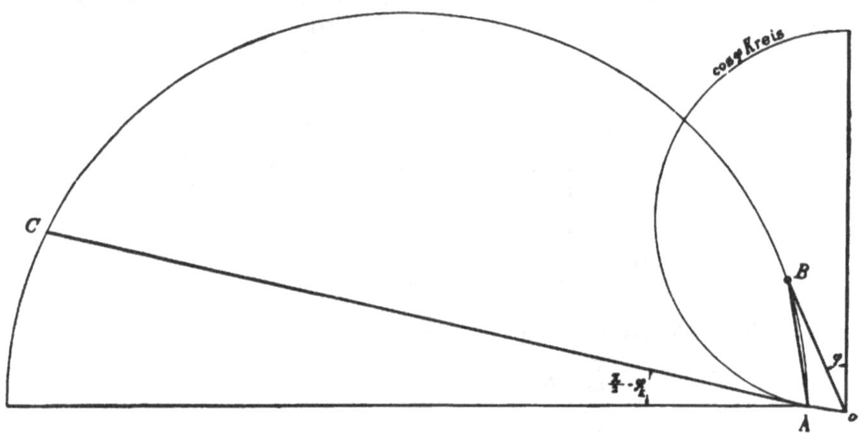

Fig. 38.

Der Streufaktor bei diesem Motor ist 0,049. Auch hier ist der Vergleich mit dem vorhergehenden Beispiel sehr interessant; es zeigt sich, dass die Streufaktoren sich genau wie die Umfangsgeschwindigkeiten verhalten.

*) Ohne Berücksichtigung der Streuung.

Das Ergebnis der Rechnung zeigen graphisch Fig. 38 und Fig. 39.

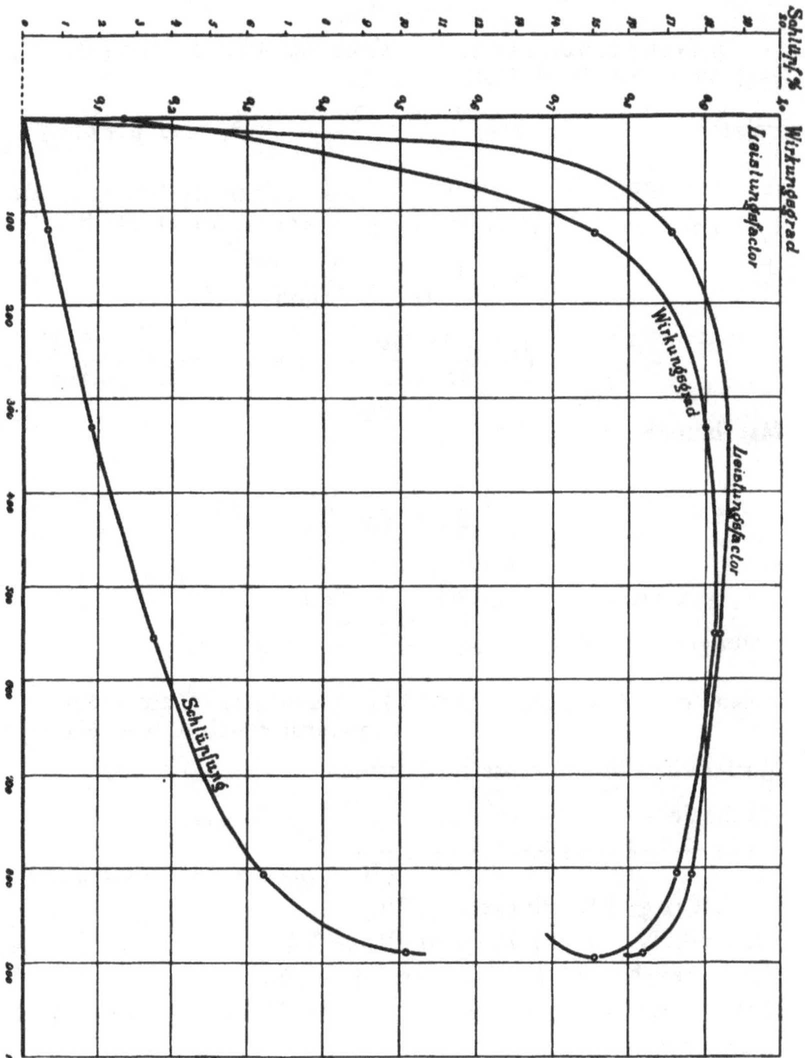

Fig. 39.

IV. Entwurf eines Drehstrommotors.*)

100. Verlangt: $A_2 = 50\ PS.$; $U =$ ca. 1000; $n = 50$; $E = 3000$ Volt.

a. Hauptabmessungen: (siehe Fig. 40 u. 41 der Tafel III, Fig. 58 u. 59 Tafel VIII, 61 u. 62 Tafel IX.)

Polzahl $p = \frac{n \cdot 60}{U} = \frac{50 \cdot 60}{U} = 3$, also 6 Pole

Ausnützungsgrad $C = 1{,}10$ } aus einigen Rechnungen als
Umfangs-Geschw. $V_u = 23\ m/sek$ } vorteilhaft ermittelt.

Bohrung $\pi D = \frac{V_u \cdot 60}{U} = \frac{23 \cdot 60}{1000}$

$D = \frac{23 \cdot 60}{\pi \cdot 1000} =$ ca. 440 mm { für die Ausführung 435 gewählt.

Maschinenbreite $B = \frac{A_2 \cdot 736}{D^2 \cdot U \cdot C}$

$= \frac{50 \cdot 736}{435^2 \cdot 1000 \cdot C} = 195$ mm.

Luft $d = 1$ mm.

b. Lauf:

Polbogen = Teilung $= \tau = \frac{435 \cdot \pi}{6} = 228$ mm.

Polaustrittsfläche $Q_L = 22{,}8 \cdot 19{,}5 = 445$ qcm (beiderseits nahezu geschlossene Nuten).

Mittlere Kraftliniendichte im Luftraum $\mathfrak{B}_{L\ mittel} = 3000$

Maximale „ „ „ $\frac{\pi}{2} \mathfrak{B}_{L\ mittel} = 4700$

($M_1 = 3000 \times 445 = 1\,340\,000$).

Schaltung der Phasen Y**)

Zahl der Nuten pro Pol und Phase 4

Zahl der Nuten im Ganzen $4 \cdot 3 \cdot 2p = 72$.

Zahl der hintereinander geschalteten Drähte pro Phase aus

---

*) Ausgearbeitet in den Übungen für Elektromaschinenbau an der Kgl. Sächs. Techn. Hochschule in Dresden von W. Fuhrmann.

**) Dies Zeichen bedeutet bekanntlich Sternschaltung.

Schnitt durch die Nuten.

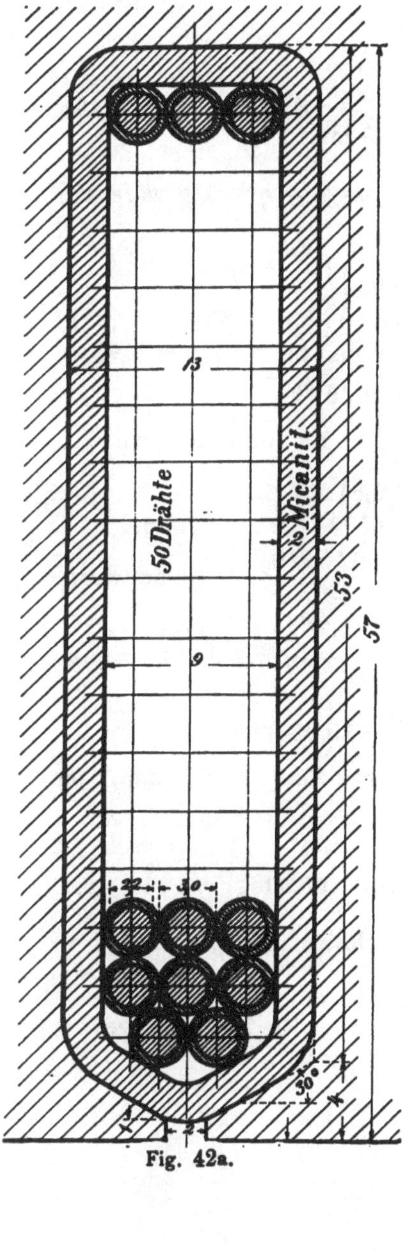

Fig. 42a.

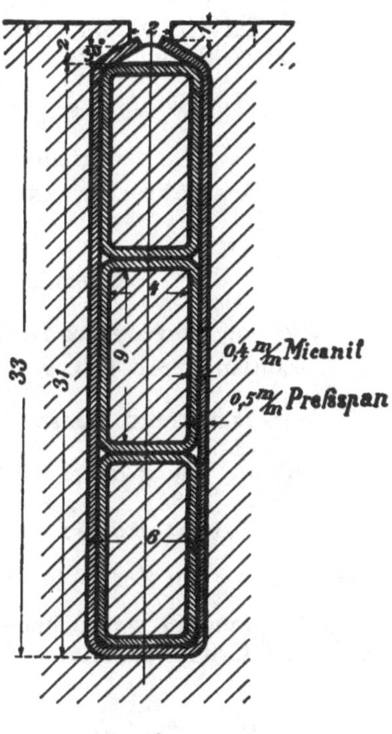

Fig. 42b.

$$E = \sqrt{3}\frac{\pi}{\sqrt{2}} \cdot n \cdot Z_1 \cdot M_1 \beta \cdot 10^{-8}$$

$$3000 = \sqrt{3}\frac{\pi}{\sqrt{2}} \cdot 50 \cdot Z_1 \cdot 1340000 \cdot 0{,}96 \cdot 10^{-8}$$

$$Z_1 = \text{ca. } 1200.$$

Pro Nut daher $\frac{1200}{24} = 50$ Drähte.

Anordnung der Drähte in der Nut $1 \times 2 + 3 \times 16$ (vgl. Fig. 42).

Nutenbreite = 13 mm
Nutentiefe = 57 mm.

Bei vorläufiger Annahme von $\cos\varphi = \eta = 0{,}9$ wäre die primäre Stromstärke

$$J_1 = \frac{50 \cdot 736}{3000\sqrt{3} \cdot 0{,}9 \cdot 0{,}9} = 8{,}7 \text{ Amp.}$$

Ampèredrähte pro Nut ca. $9 \times 50 = 450$.

Drahtdurchmesser $\Phi = 2{,}2$ mm bl $= 2{,}8$ mm besp.

$q = 3{,}80$ qmm.

Stromdichte $\frac{J}{q} = \frac{8{,}7}{3{,}8} = 2{,}3$ Amp. p. qmm.

Mittlere Länge eines Drahtes $l_m = 0{,}81$ m.

Drahtlänge pro Phase $L = 1200 \cdot 0{,}81 = 970$ m.

Widerstand pro Phase $w_1 = \frac{0{,}02 \cdot 970}{3{,}8} = 5{,}1$ Ohm warm

Stromwärme primär $3\,J_1^2\,w_1 = 3 \cdot 8{,}7^2 \cdot 5{,}1 = 1150$ Watt $= 3{,}1\,\%$ der Leistung.

Nutenteilung:

in der Bohrung: $\frac{43{,}5\,\pi}{72} = 18{,}95$ mm.

(an der schwächsten Stelle der Zähne = 19,5 mm, am Grund der Nuten 23,9 mm.)

Läufer.

101. Gesamter Kupferquerschnitt gleich dem des primären Teiles.

Der letztere hat einen Querschnitt von $3{,}8 \cdot 72 \cdot 50 =$ 13 600 qmm.

Nutenzahl pro Pol und Phase = 7
Gesamte Nutenzahl = $7 \cdot 6 \cdot 3 = 126$.

Mit Rücksicht auf die anzuwendende Gegenschaltung (vgl. 162) werden in jede Nute 3 Stäbe gelegt.

Die Wicklung mit 1 Stab pro Nut werde im Folgenden mit Wicklung I bezeichnet, diejenige mit 2 Stäben mit Wicklung II.

$$\text{Kupferquerschnitt pro Nut} = \frac{13600}{126} = 118 \text{ qmm}$$

Kupferquerschnitt pro Stab = 36 qmm
Dimensionen des Stabes = 4 × 9 mm
Mittlere Länge eines Stabes = 0,40 m.

Widerstand pro Phase:

$$\text{Wickelung I} \quad \frac{126}{3} \, \frac{0{,}40 \cdot 0{,}02}{36} = 0{,}00935 \text{ Ohm}$$

$$\text{„} \quad \text{II} \quad \frac{126}{3} \, 2 \cdot \frac{0{,}40 \cdot 0{,}02}{36} = 0{,}01870 \text{ Ohm}$$

Mit Rücksicht auf die Abrundung der Ecken der Ankerleiter wird hierzu noch ein Zuschlag von 3 % gemacht.

Wickelung I $W_I = 0{,}0096$ Ohm
„ II $W_{II} = 0{,}0192$ „

Nutenteilung:

am Umfang:

$$\frac{(43{,}5 - 0{,}2)\,\pi}{126} = 1{,}08 \text{ cm}$$

an der stärksten Stelle der Zähne:

$$\frac{(43{,}5 - 0{,}2 - 0{,}4)\,\pi}{126} = 1{,}069 \text{ cm}$$

Am Grund der Nuten:

$$\frac{(43{,}5 - 0{,}2 - 6{,}6)\,\pi}{126} = 0{,}913 \text{ cm.}$$

	Q i. qcm	𝔅 mitt.	𝔅 max.	l i. cm	AW. pro cm	AW. i. Ganz.
Luft	445	3000	4700	0,2	3760	752
Zähne d. Laufs	204	7700	12100	11,4	7,2	82
Kranz „	2 × 152	2700	—	37,0	1,5	55
Zähne d. Läufers	160	9600	15000	6,6	22,5	148
Kranz „	2 × 158	2700	—	20,0	1,5	30
						1067

Magnetisierungsstrom (nach Formel 6, S. 28)

$$J_\mu = \frac{AW}{1{,}865\,\zeta\,\sqrt{2}} = \frac{1090}{1{,}865 \cdot 400\,\sqrt{2}} = 2{,}06 \text{ Ampère}$$

102. Bestimmung des Kurzschlussstromes.
(nach Siewert)

Der Zeichnung sind folgende Werte entnommen (in cm)

$a = 5{,}10$

$c = 1{,}30 \qquad c^1 = 0{,}4$

$g = 0{,}31 \qquad g^1 = 0{,}12 \qquad d = 0{,}10$

$e = 0{,}10 \qquad e^1 = 0{,}11$

$f = 0{,}20 \qquad f^1 = 0{,}20$

Nach der Siewertschen Tabelle ist:

$k_p = 1{,}2$

$k_v = 8$

$k_s = 1{,}0$

$\beta = 1{,}2$

$k_o = 8$

$$\frac{1}{W_{p^1}} = \frac{a}{2c} = \frac{5{,}1}{2{,}6} = 1{,}96 \qquad W_{p^1} = 0{,}51$$

$$\frac{1}{W_{p^2}} = \left(\frac{2g}{c+f} + \frac{e}{f}\right) = \frac{0{,}62}{1{,}50} + \frac{0{,}1}{0{,}2} = 0{,}413 + 0{,}5 = 0{,}913$$

$$W_{p^2} = 1{,}09$$

$$\frac{1}{W_s} = \frac{e^1}{f^1} + \frac{2g^1}{f^1 + c^1} = \frac{0{,}11}{0{,}20} + \frac{0{,}24}{0{,}6} = 0{,}95; \quad W_s = 1{,}05$$

$$W_s = \frac{2d}{\text{Zahnkrone}} = \frac{0{,}2}{1{,}695} = 0{,}118$$

$$\gamma = \frac{2K_p}{3W_{p^1}} + \frac{K_p}{W_p} + \frac{K_s}{W_s} = \frac{2 \cdot 1{,}2}{3 \cdot 0{,}51} + \frac{1{,}2}{0{,}913} + \frac{1{,}0}{1{,}05} = 3{,}83$$

Kurzschlussstrom:

$$J_k = \frac{J_o \cdot k_o \beta}{w_s \gamma} = \frac{2{,}06 \cdot 8 \cdot 1{,}2}{0{,}118 \cdot 3{,}63} = \text{rd. } 44 \text{ Amp.}$$

(Es war mit der vollen Erregung gerechnet worden; da auf Lauf und Luft nur 960 AW. entfallen, so müsste noch reduziert werden im Verhältnis von $\frac{960}{1090}$; dann käme man auf 39 Amp.)

Der Streufaktor σ ist

$$\sigma = \frac{2,06}{37} = 0,057$$

woraus

$$\cos \varphi_{max} = \frac{1}{2\sigma + 1} = 0,905$$

Die Konstante in Formel 12 auf Seite 48 wird

$$\sigma = c \frac{d}{\tau}$$

$$c = \frac{0,057 \cdot 228}{0,1} = 13$$

Wirkungsgrad.

103. Eisenverluste:

Kranz des Laufs $\mathfrak{B} = 4200$

Blechstärke $= 0,5$ mm

$G = 240$ kg.

Verlust p. kg (nach Kurven) $= 1,2$ Watt

Verlust im Laufkranz $= 1,2 \cdot 240 = 290$ Watt

Zähne des Laufs $\mathfrak{B}_{max} = 12100$

$G = 53$ kg

Eisenverlust per kg $= 7,5$ Watt.

Gesamter Eisenverlust in den Zähnen $= 7,5 \cdot 53 = 398$ W.

Somit sind die gesamten Eisenverluste im Lauf $= 688$ Watt

Die Eisenverluste im Läufer werden vernachlässigt. Es ergiebt sich dann folgende Arbeitsbilanz:

Eisenverluste im Lauf	688 Watt
Stromwärme „ „	1150 „
„ „ Läufer (entspricht der Schlüpfung von 3,9%)	1510 „
Lager- und Luftreibung (geschätzt 2% der Nutzleistung)	740 „
Gesamtverlust	4088 Watt
Leistung 50 · 736 =	36800 Watt
Verbrauch	40888 Watt

$$\text{Wirkungsgrad } \eta = \frac{36800}{40888} = 0{,}90.$$

Abkühlung.

104. Die Wärme abgebende Oberfläche des Läufers 13800 qcm. Da die Verluste in demselben 1510 Watt betragen, so kommen auf 1 Watt ca. 9 qcm. Der Lauf besitzt eine Oberfläche von ca. 18000 qcm. Die gesamten Verluste in demselben betragen 1840 Watt, also pro Watt ca. 10 qcm.

Hiernach kann man auf eine sehr mässige Erwärmung rechnen. Die genaue Vorherbestimmung ist mit den zur Zeit verfügbaren Hülfsmitteln nicht möglich; es fehlt zunächst noch an brauchbarem Versuchsmaterial und es wird auch nicht leicht sein, dies zu beschaffen. Bezieht man die Wattverluste auf die sogenannte kühlende Oberfläche, so entsteht sofort die schwierige Frage, was man als kühlende Oberfläche nehmen soll; fast jeder Konstrukteur denkt darüber anders. Ganz besonders schwierig ist die rechnerische Berücksichtigung des Einflusses künstlicher Kühlungsmittel (Ventilationsschlitze).

Für die Lösung praktischer Aufgaben empfiehlt es sich, Motoren, deren Erwärmung bereits bekannt ist, zum Vergleich heranzuziehen und an deren Hand eine Schätzung vorzunehmen, die dann durch den Versuch zu berichtigen ist.

Für den im zweiten Beispiel behandelten 40 PS.-Motor von Kolben & Co. wurde gefunden:

Bei offenem Motor

Eisen im Lauf	37^0	bei 2220 Watt Verlust und ca. $5{,}7\,\text{qcm}/\text{Watt}$
Kupfer im Lauf	31^0	
Läufer	30^0	„ 550 „ „ „ „ $7{,}2\,\text{qcm}/\text{Watt}$

105. Dabei ist zu beachten, dass der Motor ventiliert ist und dass für den Lauf die Oberfläche des Ventilationsschlitzes mitgerechnet ist, nicht aber die Oberfläche der Spulenköpfe. Beim Läufer ist die Oberfläche des Ventilationsschlitzes nicht mitgerechnet. Diese Annahmen haben etwas Willkürliches und sind nur darin begründet, dass die stark eingeschnürten Spulenköpfe infolge der ganzen Anordnung zur Abkühlung nicht sehr viel beitragen — wären sie anders angeordnet, so könnte unter Umständen eine andere Art der Oberflächenberechnung besser sein. Auf dem Läufer wird der Ventilationsschlitz die Abkühlung kaum verbessern, weil seine Wandungen ja nicht einem sich erwärmenden Teil angehören. Die Mantelflächen zwischen Lauf und Läufer sind auch nicht mitgerechnet; Strahlung ist bei ihnen ausgeschlossen und Luftkühlung auf ein Minimum beschränkt.

106. Wird der Motor gekapselt, so steigen die Temperaturen
auf 49° C. für das Eisen des Laufs
„ 45° C. „ „ Kupfer „ „
„ 45° C. „ „ „ „ Läufers.

Die Kapselung verschlechtert die Abkühlungsverhältnisse ausserordentlich, sofern nicht Kühlung des Gehäuses stattfindet.

Obige Zahlen geben einen Begriff über die Grössenordnungen der in Frage kommenden Zahlen.

Gewichte.

Aktives Material:	Eisen:	Lauf	300 kg
		Läufer	165 „
	Kupfer:	Lauf	98 „
		Läufer	50 „
			613 kg

$$\text{pro } 1 \text{ PS} = \frac{613}{50} = 12{,}3 \text{ kg}$$

V. Drehstrom-Eisenbahnmotoren.

107. Für schweren Eisenbahndienst verspricht der Drehstrommotor viel Gutes, während er für Strassenbahndienst unter normalen Verhältnissen weniger in Frage kommt.*) Von den zur Zeit vorliegenden und bekannt gegebenen Ausführungen ist mit am interessantesten der Schnellbahnmotor von Siemens & Halske, Fig. 43—46 (Siehe Tafeln IV—VI).

Der Motor ist vollständig gekapselt, obwohl dies nicht absolut notwendig wäre. Er ist zum Einbau in das Wagenuntergestell bestimmt und darf daher in den radialen Abmessungen ein bestimmtes Mass nicht überschreiten. Um trotzdem möglichst günstige Betriebsverhältnisse zu gewinnen, hat man den Läufer zum primären Teil gemacht, was freilich mechanisch den Nachteil etwas vergrösserter Trägheit mit sich bringt; doch hat Letzteres in dem Fall der Schnellbahn nichts zu sagen.

*) Der Grund liegt in erster Linie in der scheinbaren Komplikation der Stromzuleitung.

Die Leistung ist bei normaler Magnetisierung, entsprechend 1150 Volt Klemmspannung 400 PS. (Abfallwert ca. 800 PS.); bei Uebermagnetisierung, entsprechend 1850 Volt leistet der Motor normal 750 und maximal 1500 PS.

Aus $A_2 = 400$; $D = 780$ (genau 784); $B = 320$; $p = 3$; $n = 45$; $U = 900$ ergiebt sich

der Ausnützungsgrad

$$C = \frac{400 \cdot 736}{780^2 \cdot 320 \cdot 900} \cdot 10^7 = 1{,}68 \text{ (Bei 1850 Volt} = 3{,}1)$$

die Umfangsgeschwindigkeit

$$V_u = \frac{0{,}780 \cdot \pi \cdot 900}{60} = 36{,}6 \; m/sek$$

Die Nuten des Läufers sind ganz offen; ihre Anzahl ist 90 und ihre Tiefe ist ungewöhnlich gross, nämlich 70 mm bei 15 mm Breite. Es ist bemerkenswert, dass der Motor dadurch nicht wesentlich verschlechtert worden ist; es kann auf Grund dieser Erfahrung in Uebereinstimmung mit dem, was einige Ueberlegung ergiebt, behauptet werden, dass Regeln wie die, man solle die Nuten keinesfalls tiefer als 40 mm machen, in solcher Allgemeinheit haltlos sind. (Der Streufaktor wurde zu $< 0{,}063$ bei 3 mm Luft gefunden.)

108. Für eine weitere genaue Nachrechnung reichen die veröffentlichten Zahlen leider nicht aus; es scheint etwa so dimensioniert worden zu sein:

Primäre Nutenzahl 90

Pro Nut 5 Drähte.

Bei vorläufiger Annahme von $\cos\varphi = 0{,}87$ und $\eta = 0{,}85$ bei normaler Last ergäbe sich

$$J_1 = \frac{A_2 \cdot 736}{1150 \cdot \sqrt{3} \cdot 0{,}87 \cdot 0{,}85 \sqrt{3}} = 116 \text{ Amp.}$$

Mit einer vorläufig gewählten Stromdichte von 2 Amp./qmm hätte man für den Stabquerschnitt

$$q = \frac{116}{2} = 58 \text{ qmm.}$$

109. Die Wicklung des primären Teiles ist in etwas ungewöhnlicher Weise ausgeführt worden, indem man eine Verbindung der Drähte gewählt hat, wie sie bei Gleichstromserienankern üblich ist. Um dem so gebauten Läufer Drehstrom zuführen zu können, hätte man, wie in 129 näher beschrieben ist, einzelne Punkte der Wicklung „aufschneiden" können und hätte dann eine Wicklung erhalten, die elektrisch einer normalen Drehstromwicklung äquivalent wäre. Der einfacheren Bauart der Wicklung wegen ist aber bei diesem Motor von dem Aufschneiden Abstand genommen und lediglich eine Verbindung von je 3 Punkten der Wicklung mit den Schleifringen hergestellt worden. Schematisch zeigt Fig. 47a

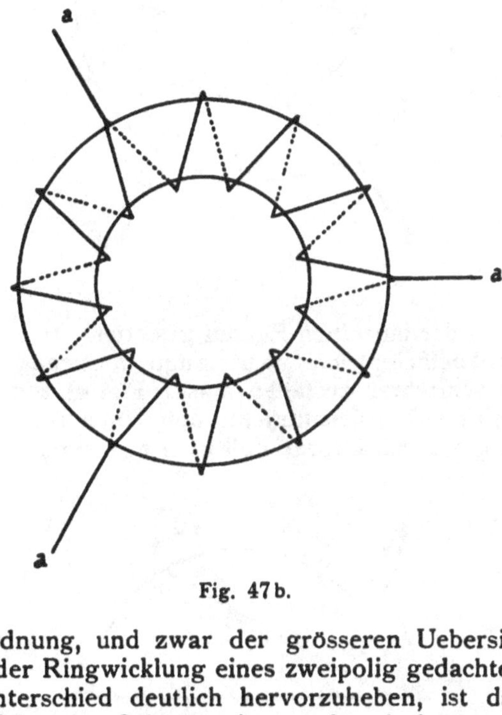

Fig. 47b.

diese Anordnung, und zwar der grösseren Uebersichtlichkeit wegen an der Ringwicklung eines zweipolig gedachten Motors; um den Unterschied deutlich hervorzuheben, ist daneben in gleicher Weise das Schema einer aufgeschnittenen Wicklung angegeben.

Man sieht nun, dass die nicht aufgeschnittene Gleichstromwicklung erstens Dreieckschaltung bedingt und zweitens eine Ausbreitung der Wicklung einer Phase über den dritten Teil einer Welle*) ergiebt, während die aufgeschnittene Wicklung eine Einschränkung auf den sechsten Teil durch Uebereinander-

*) Vgl. 125, S. 105.

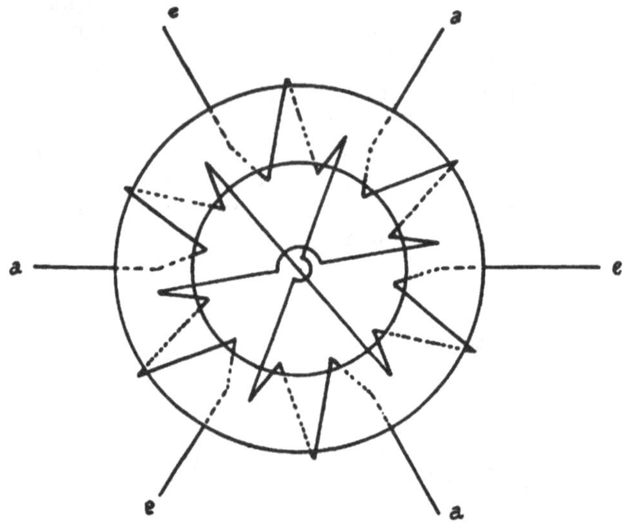

Fig. 47 a.

greifenlassen der einzelnen Phasen gestattet. Daraus folgt, dass der Breitenkoëfficient bei nicht aufgeschnittenen Wicklungen wesentlich schlechter ausfallen muss. Fig. 48 zeigt die Ermittlung des Breitenkoëfficienten für den einen und den andern Fall. Es ergiebt sich für den Fall ganz ausgebreiteter Wicklung

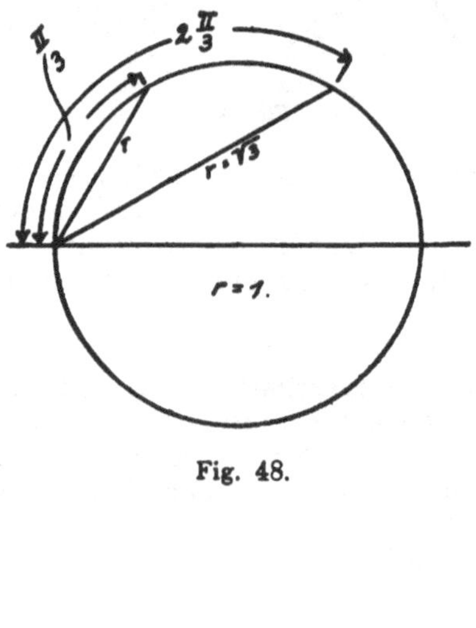

Fig. 48.

bei aufgeschnittener Wicklung $\beta = \frac{1}{\frac{\pi}{3}} = 0{,}955$

bei nicht aufgeschnittener Wicklung $\beta = \frac{\sqrt{3}}{\frac{2\pi}{3}} = 0{,}835$

Die Verhältnisse bleiben im Prinzip ungeändert, wenn man von Ringwicklung zu Trommelwicklung übergeht, auch der Zahlenwert für β bleibt bei nicht völlig verteilter Wicklung nahezu unverändert, vorausgesetzt, dass die Zahl der Nuten eine verhältnismässig grosse ist.

Es ist nun $z_1 = \frac{90 \cdot 10}{3} = 300$

$n = 45$

$E = 1150$

also nach Gleichung 5 (Seite 28)

$$E = \frac{\pi}{\sqrt{2}} \cdot n \cdot z_1 \cdot M_1 \cdot \beta \cdot 10^{-8}$$

$$1150 = 2{,}22 \cdot 45 \cdot 300 \cdot M_1 \cdot 0{,}835 \cdot 10^{-8}$$

$$M_1 = 4{,}59 \cdot 10^{-6}$$

Für den magnetischen Kreis ergiebt sich dann

	Querschnitt qcm	𝔅 mitt.	𝔅 max.
Luft**)	816	5600	7800
Zähne d. Laufs	468	9800	15400
Kranz „ 2×	226	10200	—
Zähne d. Läuf.	624	7400	11600
Kranz „ 2×	416	5500	—

$$1850 = 2{,}22 \cdot 45 \cdot 300 \cdot M_1 \cdot 0{,}835 \cdot 10^{-8}$$

$$M_1 = 7{,}39 \cdot 10^{-6}$$

*) Mit Rücksicht auf die Dreieckschaltung erscheint am Anfang der Formel nicht der Faktor $\sqrt{3}$.

**) Gerechnet ist das Mittel aus der Fläche der Zahnkronen des Läufers, vermehrt um einen geringen Betrag zur Berücksichtigung der Ausbreitung der Kraftlinien und der vollen Polfläche.

Für den magnetischen Kreis ergiebt sich dann:

	Querschnitt qcm	𝔅 mitt.	𝔅 max.
Luft	816	9060	14200
Zähne d. Laufs	468	15800	24800
Kranz „ 2×	226	16300	—
Zähne d. Läuf	624	11800	17500
Kranz „ 2×	416	8900	—

110. Die weitere Durchrechnung würde eine Wiederholung der vorhergehenden Beispiele bringen und soll hier übergangen werden.

111. In allerjüngster Zeit ist von Siemens & Halske ein neuer Schnellbahnmotor für 10000 Volt Klemmenspannung gebaut worden, wobei die Absicht zu Grunde lag, die Stromversorgung von Fahrzeugen mit dieser Spannung zu ermöglichen, ohne auf dem Wagen eine Erniedrigung der Spannung durch Transformatoren für die Motorspeisung vornehmen zu müssen, weil das eine ungünstige Beeinflussung des Fahrzeuggewichtes verursachen würde; durch den Erfolg dieser Konstruktion wurde die bis dahin herrschende noch 1901 im Verein für Eisenbahnkunde ausgesprochene Ansicht, dass der Bau solcher Motoren unmöglich sei, widerlegt.

112. Der Motor ist der grossen Bedeutung der Sache wegen hier auch zur Darstellung gebracht worden (Fig. 49—51 siehe Tafel VII). Ueber die Wicklung wird angegeben, dass der Lauf zum primären Teil gemacht wurde und pro Nut 67 Drähte erhielt.*) Die Nachrechnung an der Hand der Konstruktionszeichnungen ergiebt für den magnetischen Kreis etwa

Luft	7150	c. g. s.	p. qcm.	max.
Zähne Lauf	8350	„	„	„
Kranz „	7700	„	„	mittl.
Zähne Läufer	12000	„	„	max.
Kranz „	6700	„	„	mittl.

Dieser Motor ist also magnetisch immer noch ausreichend dimensioniert.

*) E. T. Z. 1902, S. 685. Die Schnellbahnlokomotive etc. von Walter Reichel.

Der Ausnützungsgrad bestimmt sich

aus $A_2 = 190$ PS.; $D = 680$; $B = 300$; $U =$ ca. 900

$$\text{zu } C = \frac{190 \cdot 736}{680^2 \cdot 300 \,.\, 900} = \text{ca. } 1{,}1$$

die Umfangsgeschwindigkeit ist

$$V_u = \frac{680\,\pi \cdot 1000}{60} = 35{,}6 \; m/sek$$

Nach der Veröffentlichung in der E. T. Z. erreichte dieser Motor einen maximalen Leistungsfaktor

$$\cos \varphi_{max} = 0{,}9, \quad \text{also } \sigma = 0{,}055,$$

obwohl er ganz offene Nuten und ca. 70 mm Nutentiefe hat.

Die radiale Tiefe des Luftspaltes ist 1,5 mm; es ist bemerkenswert, dass man neuerdings in weiteren Kreisen so kleine Lufträume für Eisenbahnmotoren für zulässig hält, also auch das alte Vorurteil aufgiebt, das durch die Behauptung, man müsse bei Eisenbahnmotoren unbedingt sehr grossen Spielraum zwischen Lauf und Läufer haben, dem Konstrukteur eine sehr ungünstige Bedingung aufzwang. Auf der Burgdorf-Thun-Bahn laufen übrigens Motoren der Firma Brown, Boveri & Co. mit 1,5 mm Luftraum seit 3 Jahren, ohne dass bisher eine einzige Motorstörung vorgekommen wäre.

114. Einen Fahrzeug - Drehstrommotor für Schmalspur zeigen Fig. 52—55. Es ist dies ein 7,5 PS-Motor für Grubenlokomotiven, auch erbaut von der Siemens & Halske A.-G.

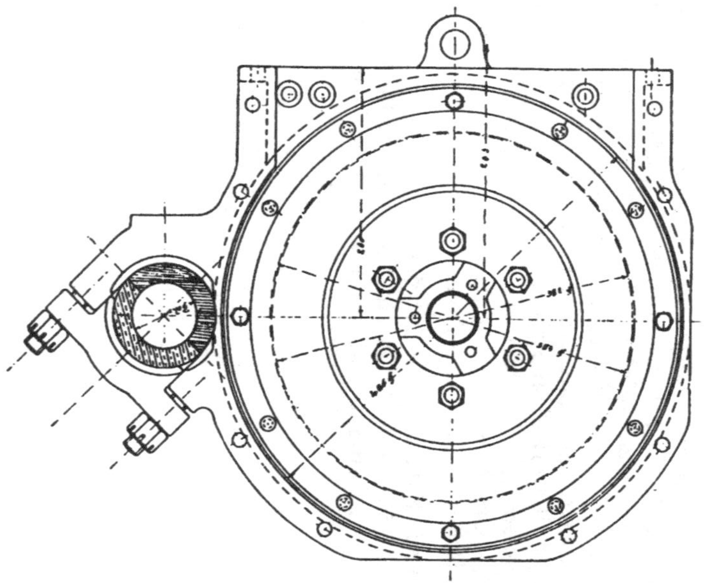

Fig. 52.

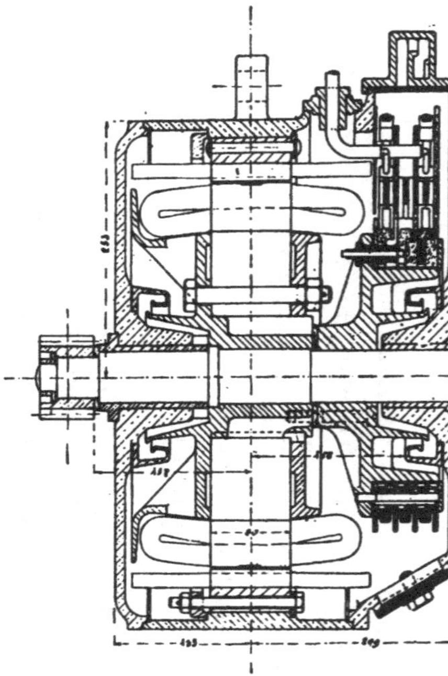

Fig. 53.

Drehstrommotor für Grubenlokomotiven von Siemens & Halske A.-G.

$A_2 = 7{,}5$ PS. $U =$ ca. 750 $n = 50$ $p = 4$ $d = 1$ mm. $E = 500$ Volt.

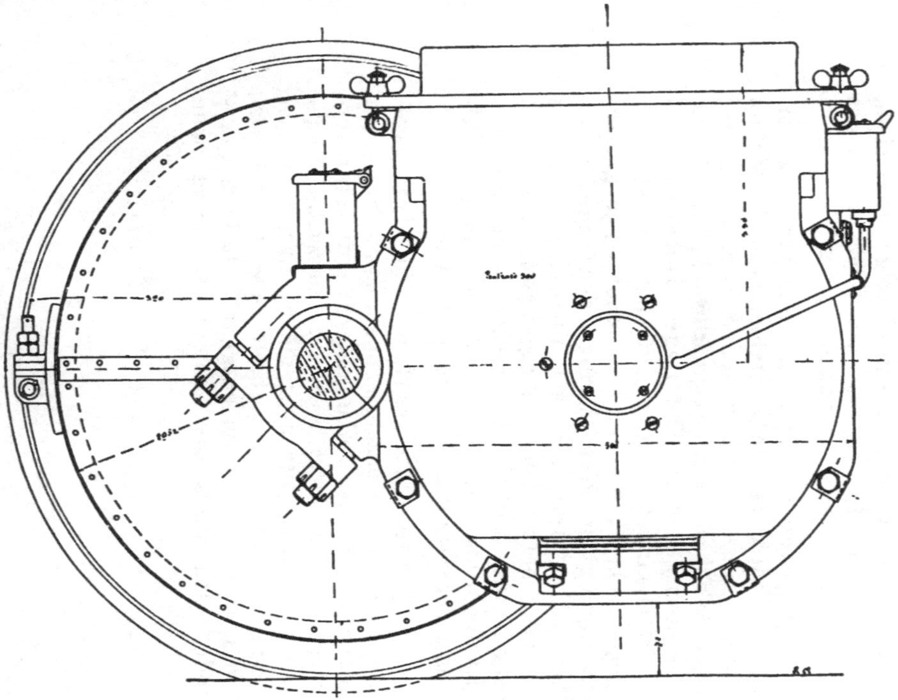

Fig. 54.

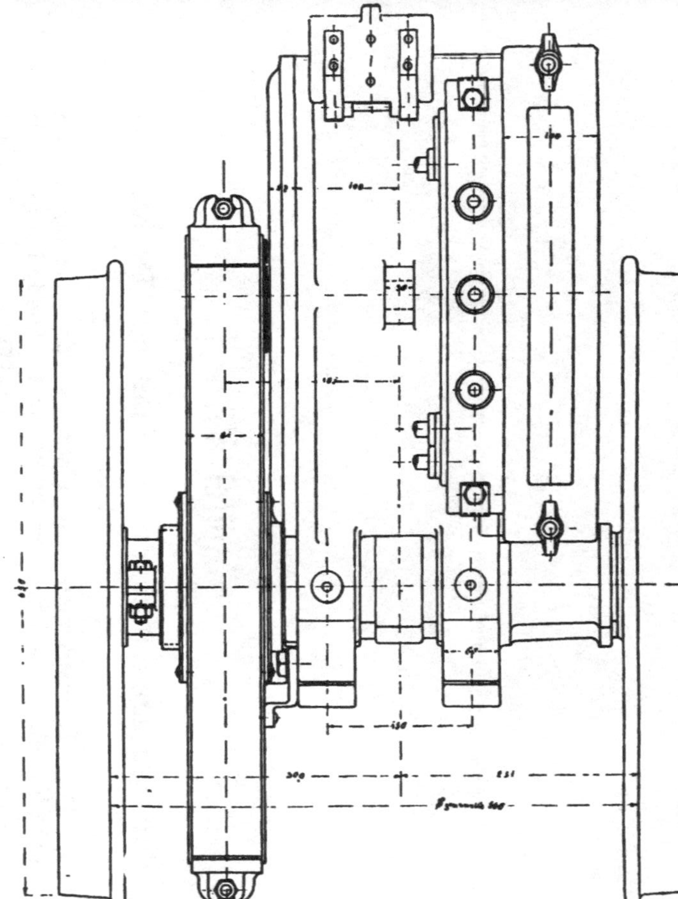

Fig. 55.

Drehstrommotor für Grubenlokomotiven von Siemens & Halske A.-G.

Kapitel VI.

Bemerkungen über den Aufbau des Drehstrommotors.

115. Drehstrommotoren giebt es für Leistungen von etwa $^1/_{16}$ bis 1000 PS., von 3000 bis 60 Umdrehungen von 65 bis 10000 Volt; es kann nicht die Absicht sein, die zwischen diesen Grenzen möglichen Varianten im Einzelnen zu besprechen, vielmehr soll nur das für den Aufbau des Drehstrommotors allgemein Kennzeichnende hervorgehoben werden.

116. Umfangsgeschwindigkeit. Für praktisch vorkommende Fälle wird fast immer die Umdrehungszahl des Motors innerhalb gewisser Grenzen gegeben sein. Sobald dies der Fall ist, giebt die Wahl der Umfangsgeschwindigkeit für die Konstruktion die massgebendste Unterlage. Hohe Umfangsgeschwindigkeit ist elektrisch günstig; man hat bei gegebener Leistung mit gegebenem Drehmoment zu rechnen; je grösser die Umfangsgeschwindigkeit, desto geringer der tangential am Läufer auszuübende Zug, desto geringer also der Magnetismus in der Luft und desto besser der Leistungsfaktor. Der Vorteil tritt um so mehr hervor, als bei höherer Umfangsgeschwindigkeit auch die Laufbohrung und daher Polteilung und Wickelraum grösser und der Streufaktor kleiner werden.

117. Über ein gewisses Mass darf aber die Umfangsgeschwindigkeit nicht gesteigert werden, einmal aus mechanischen Gründen, und dann, weil grosse Umfangsgeschwindigkeit natürlich zu schmalen Motoren führt, bei einer zu weitgehenden Verringerung der Maschinenbreite aber die Stirnverbindungen der Wicklung den ohmischen Widerstand entweder sehr erhöhen oder, wenn man um dem zu entgehen, stärkere Querschnitte anwendet, den Preis des Motors durch zu hohe

Kupferkosten ungünstig beeinflussen. Ungünstig auf den Preis wirkt gleichzeitig die Notwendigkeit grosse Kranzbreite anzuwenden, um für den Durchgang des magnetischen Flusses Raum zu schaffen.

Elektrisch ungünstig zeigt sich bei sehr schmalen Motoren die stärker hervortretende Streuung über die Stirnseiten (Flankenstreuung).

118. Zu kleine Umfangsgeschwindigkeit führt zu Raumschwierigkeiten, zu grosser Kraftliniendichte und zu viel Streuung. Man bekommt grosse Erwärmung, geringe Überlastungsfähigkeit und schlechten Leistungsfaktor.

Für mittelstarke Motoren mit nahezu geschlossenen Nuten ist für 50 Perioden 25 m. per Sekunde ein guter Mittelwert für die Umfangsgeschwindigkeit, für anderen Puls liegt der günstige Wert etwas anders.

In Spezialfällen wird man durch abnorm niedrige Umdrehungszahlen — Pumpenantrieb u. dgl. — an der Wahl rationeller Umfangsgeschwindigkeiten gehindert. In dem Falle soll man suchen, möglichst niedrigen Puls und sehr kleinen Luftraum anzuwenden.

119. Wahl des primären Teils. Bei dem weit überwiegend grössten Teil der ausgeführten Motoren ist der Lauf der Träger der Primärwicklung. Dafür ist massgebend, dass in der Fabrikation derselbe Lauf für verschiedene Spannungen verwendbar sein soll; hohe Spannung erfordert viel Wickelraum und lässt sich daher im Lauf besser aufnehmen als im Läufer, man glaubt auch auf eine bessere Erhaltung der Isolation im Lauf rechnen zu können, weil mechanische Beanspruchung des Isoliermateriales nicht eintritt.

120. Die Sekundärwicklung ist im Betrieb kurz geschlossen; muss ein besonderer Anlasser angewendet werden, was fast immer der Fall ist, so kann man diesen durch Schleifringe und Bürsten an den Läufer anschliessen, nach Beendigung des Anlassens aber durch eine mitumlaufende Vorrichtung die Schleifringe kurzschliessen und die Bürsten abheben. Damit beseitigt man jeden Schleifkontakt für den Betrieb.

121. In speziellen Fällen ist es vorteilhaft, den Läufer zum primären Teil zu machen.*) Da der sekundäre Teil im Betrieb

*) Wie bei dem in No. 107 behandelten Eisenbahnmotor.

nur mit sehr langsamem Puls ummagnetisiert wird, so kann man sein Eisen mit verhältnismässig hoher Kraftliniendichte beanspruchen; man erhält dann einen schmalen Kranz und kann nun den Durchmesser der Bohrung vergrössern, wodurch man die Umfangsgeschwindigkeit — ohne die äusseren Abmessungen des Motors zu ändern, — etwas höher halten kann, als bei der gewöhnlichen Ausführung. (Fig. 56). Es ist aber zu beachten, dass die primäre Wicklung unter allen Umständen so nahe als möglich an die Eisenoberfläche gedrängt werden muss, um den Streulinien möglichst wenig Fläche zu bieten (vgl. 42). Dabei werden bei primärem Läufer die Bandagen u. s. w. leicht lästig. In gewissen Fällen, z. B.

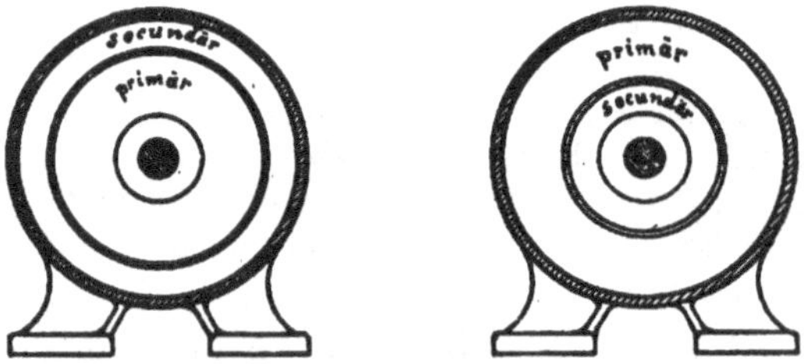

Fig. 56.

beim Hebezeugbetrieb, ist eine Vergrösserung des Durchmessers ferner deswegen ungünstig, weil sie Erhöhung der Trägheit des umlaufenden Teiles bedeutet.

122. Die Wicklung. So lange es möglich ist, Stabwicklung anzuwenden, sollte dies unbedingt geschehen, insbesondere beim sekundären Teil. Nachteilig ist es allerdings, dass man zu verhältnismässig grossem Sekundärstrom kommt und bei Motoren, deren Bürsten betriebsmässig dauernd aufliegen müssen und deren Anlasser ununterbrochen arbeiten (Hebezeugmotoren etc.) unbequeme Abmessungen erhält. Nimmt man, um das zu vermeiden, Drahtwicklung, so muss man wieder damit rechnen, dass beim Anlassen ziemlich hohe Spannungen am sekundären Teil und an den mit diesem verbundenen Apparaten auftreten.

123. Die Wicklung des umlaufenden Teiles soll namentlich an den Stirnverbindungen sorgfältig festgelegt werden; wir sprechen bei Wicklungen nach Fig. 57, Tafel VIII, von „Stirnwicklung"

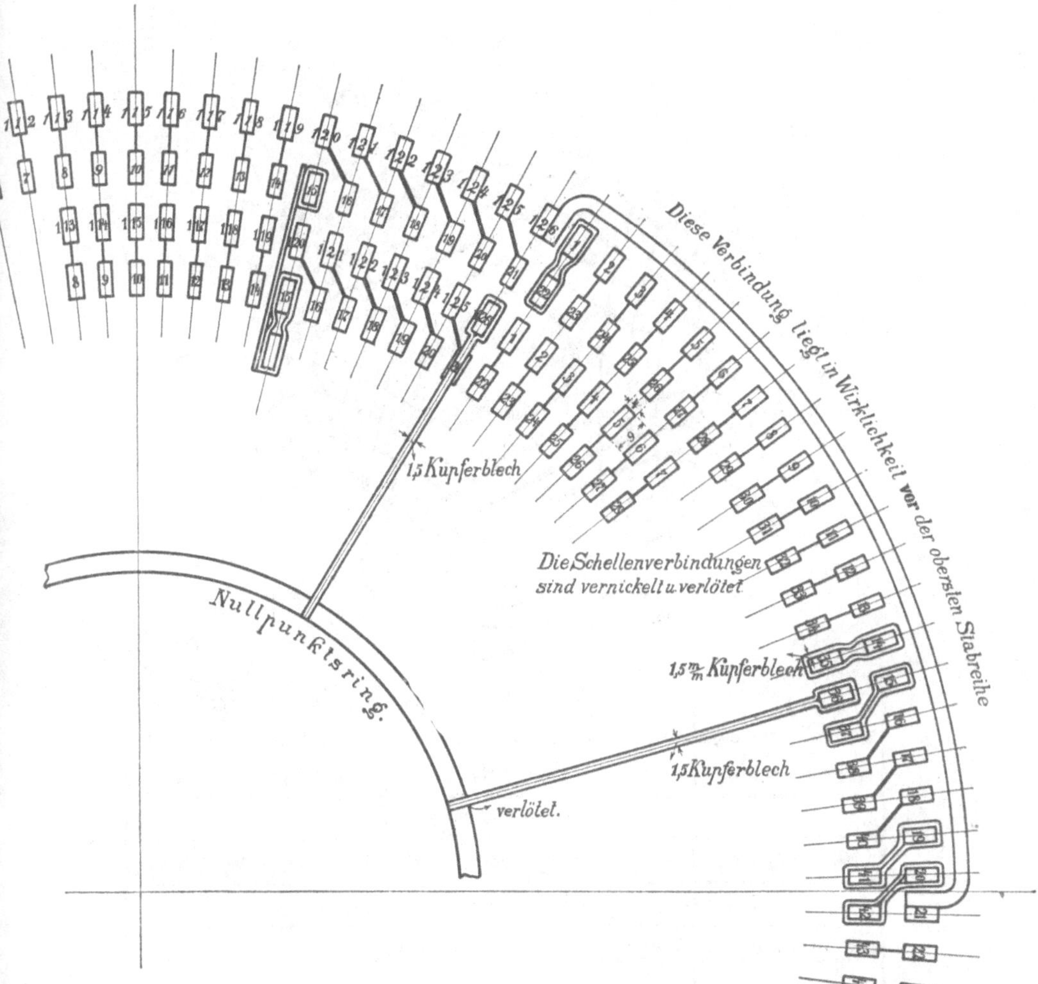

Fig. 60a.

mit „Gabelkopf", bei Wicklungen nach Fig. 58 u. 59*) von „Oberflächenwicklung" mit „Gitterkopf". Stirnwicklung sollte stets in der in Fig. 57 gezeichneten Weise „mit falschem Kommutator", wie die Wickler sagen, festgelegt werden. Für

*) Tafel VIII.

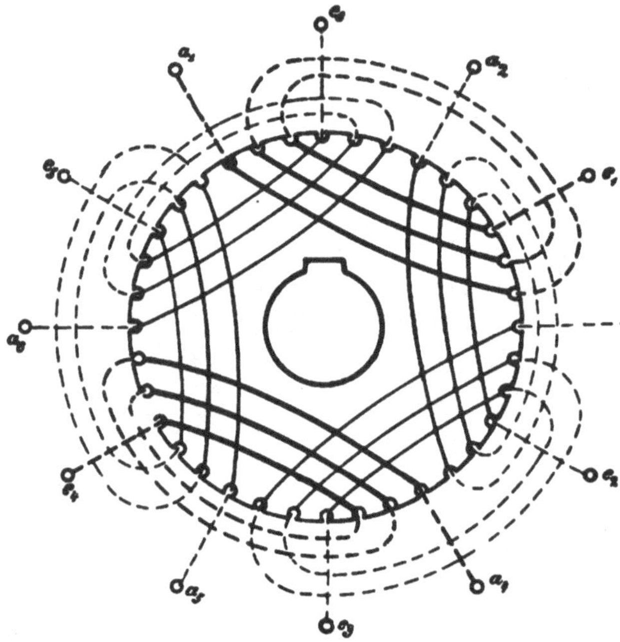

I. Wellen – – Abteilungen ⅄	II. Wellen – – Abteilungen Δ	III. Wellen ⧺ Abteilungen ⅄	IV. Wellen ⧺ Abteilungen Δ
Zu den Schleifringen			
a_1 a_2 a_3	a_1e_6 a_2e_4 a_3e_5	a_1a_4 a_2a_5 a_3a_6	$a_1a_4e_3e_6$ $a_2a_5e_1e_4$ $a_3a_6e_2e_5$
Verbindung der übrigen Punkte			
e_1a_4 e_2a_5 e_3a_6 e_4 e_5 e_6	e_1a_4 e_2a_5 e_3a_6	$e_1e_2e_3e_4e_5e_6$	

Fig. 60.

Oberflächenwicklung können Bandagen üblicher Art angewandt werden; zweckmässig ist es, die Oberflächenwicklung auf „Wicklungsträger“ zu betten (vgl. Fig. 59).

124. Wo man genötigt ist Drahtwicklung anzuwenden — also bei kleinen Motoren und bei höheren Spannungen — würde unbedingt für offene Nuten einzutreten sein, allerdings kommt man dabei mit Rücksicht auf den Leistungsfaktor zu grösseren Motoren als bei geschlossenen Nuten. Muss man geschlossene Nuten anwenden, so darf man nicht über eine gewisse Drahtzahl pro Nut hinausgehen, weil sonst die Wickelarbeit unbezahlbar wird (Vgl. **30** u. **37**).

125. Die Verbindungen, die bei einer Dreiphasenwicklung ausgeführt werden können, um Stern- oder Dreieckschaltung zu erhalten, zeigt Fig. 60. Es ist diese Skizze einem Schaltungsschema von Siemens & Halske nachgebildet und dabei ist der in den Werkstätten dieses Hauses übliche Ausdruck „Welle“ für die Wicklungsabteilung pro Polpaar übernommen. Im Uebrigen erklärt sich die Figur selbst. Für die praktische Ausführung der „Schaltung“ bei Stabwicklung giebt Fig. 60a ein Beispiel.

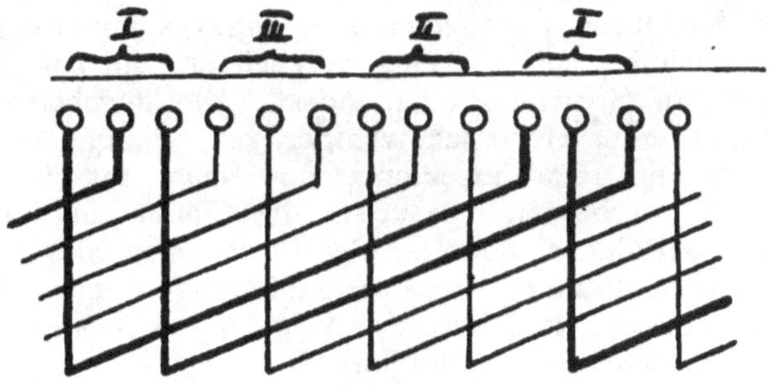

Fig. 63.
Schema der „Spitzenwicklung“.

126. Die Drahtwicklung des Laufs wird fast immer mit zweierlei verschiedenen Spulen, geraden und gekröpften, ausgeführt, wie dies die Fig. 61 u. 62, Tafel IX, zeigen. Ist die Zahl der Wellen ungrade, so wird es an einer Stelle des Umfanges nötig, eine Uebergangsspule mit einzuwickeln („verkrüppelte Spule“).

Bei der Herstellung der Drahtwicklung wird meist so verfahren, dass man ein natlos hergestelltes, bei ca. 250° C. gepresstes Mikanitrohr in die Nute steckt und nun eine Windung nach der anderen durchzieht. Einzelne Werkstätten füllen, um die Einteilung des Wickelraumes zu erleichtern, das Glimmerrohr mit dem durchzuziehenden Draht entsprechenden Stäben aus Stahl oder Messing aus, deren Kopfenden gut abgerundet sind. Der Arbeiter schiebt dann beim Wickeln Stahlstab für Stahlstab mit dem Draht heraus.

127. Die Primärwicklung wird auch als sogenannte „Spitzenwicklung ausgeführt (Fig. 63). Man gewinnt dabei neben dem Vorteil, dass alle Spulen symmetrisch ausfallen, eine sichere Isolation, weil stets neben einem kurzen ein langes Isolierrohr liegt, ein Kurzschluss an den Stellen, wo die Wicklung aus dem Eisen tritt, also kaum zu befürchten ist. Diese Wicklung ist z. B. beim 10000 Volt-Motor Beispiel V (in **111**) angewendet.

128. Ringwicklung ist für den primären Teil unvorteilhaft, weil sie die Streuung begünstigt. Für den sekundären Teil kann sie in Spezialfällen (Kurzschlusswicklung bei kleinen Motoren, z. B. Ventilatoren) brauchbar sein.

129. An Stelle der in getrennten Abteilungen ausgeführten „Phasenwicklung" verwenden einzelne Konstrukteure geschlossene Wicklungen nach Art der bei Gleichstrommaschinen üblichen Ausführung, wobei eine durchaus symmetrische Anordnung auch bei Stabwicklung möglich ist, die bei „Phasenwicklung" auf Schwierigkeiten stösst. Die gleichstromartige Wicklung ist aber elektrisch weniger gut, wie in 109 gezeigt wurde, als die Phasenwicklung, und man hat sie deshalb dadurch zu verbessern gesucht, dass man sie an sechs Punkten pro Polpaar (oder an der Peripherie) getrennt und mit den so gebildeten Wicklungsabteilungen als „Phasenanker" geschaltet hat. Derartige Wicklungen heissen „aufgeschnittene Gleichstromwicklungen."*)

130. S c h l e i f r i n g e u. S t r o m z u f ü h r u n g. Alle stromführenden Teile, also auch die Klemmen und Schleifringe, sollten bei Wechselstrom- und Drehstrommotoren gegen unbeabsichtigte Berührung auch bei niedrigen Spannungen geschützt sein. Dies ist leicht durchzuführen und übrigens für Spannungen über 220 Volt durch die Sicherheitsvorschriften des Verbandes deutscher Elektrotechniker vorgeschrieben.

Die Klemmen sollten möglichst n i c h t auf der Oberseite des Motors angebracht werden; die Leitungen werden bei der Aufstellung an Ort und Stelle in den meisten Fällen so an den Motor herangeführt, dass ein Anschluss von unten einfacher wäre.

---

*) Vgl. Ztschr. f. Elektrotechnik 1899, Heft 26.

131. Die Schleifringe können entweder innerhalb der Lager oder ausserhalb auf einer Verlängerung der Welle fliegend angebracht werden; neuerdings wird die letztere Anordnung bevorzugt; sie nötigt zwar zur Durchbohrung der Welle und zur Anwendung geteilter Lager, bietet dafür aber den grossen Vorteil, den Anker kürzer, also sicherer lagern zu können, und nun, bei dem mechanisch besseren Aufbau, den Luftraum auf den überhaupt erreichbaren kleinsten Raum zu verringern.

132. Als Bürstenmaterial sucht man Kohle zu verwenden, weil diese am besten auf dem Schleifring läuft, so gut wie gar keiner Wartung bedarf und geringen Verschleiss giebt. Kohlebürsten *) haben aber verhältnismässig grossen Widerstand und vergrössern bei hohen Sekundärstromstärken, wenn die Abmessungen nicht sehr reichlich gehalten werden, die Schlüpfung merklich. Aus diesem Grunde findet man vielfach Metallbürsten (Kupfergaze, Kupferbleche, Graphitierte Kupfergaze, Aluminium u. s. w., u. s. w.) **).

Wo Metallbürsten auf Bronce-, Messing- oder Kupferschleifringen angewendet werden, empfiehlt es sich, die Ringe an den Seiten frei zu drehen, damit die Lauffläche eine gleichförmige Abnutzung erfährt und ein Stehenbleiben der Kanten vermieden wird.

133. Der Auflagedruck der Bürsten darf unter keinen Umständen übertrieben werden, muss aber doch ein sicherer sein.***) Man nimmt gewöhnlich einen Druck von 125 g pro qcm als normal an.

Die Umfangsgeschwindigkeit der Ringe wählt man niedrig, um unnütze Verluste zu vermeiden. Für überschlägige Berechnungen kann man den Reibungskoëfficienten zu 0,3 annehmen.

134. Zentrierung. Um mit kleinstem Luftraum arbeiten, dabei aber alle die auf die Schaltung der genannten Form nachteiligen Einwirkungen des Transports, der Aufstellung etc. nachträglich beseitigen zu können, werden Induktionsmotoren

---

*) Nicht, wie oft fälschlich geschrieben wird „Kohlenbürsten".

**) Seit etwa einem Jahr ist eine Kohle mit Kupferpapiereinlagen in den Handel gekommen, die sich recht gut bewährte. Sie wurde von der Berliner Metallblattbürstenfabrik geliefert.

***) Ueber den günstigsten Druck hat Dettmar in der E.T.Z. 1900, S. 429 ff. interessante Studien veröffentlicht.

vielfach mit Zentriervorrichtungen ausgerüstet (vgl. Fig. 40 u. 41). Es ist dies aber eine Komplikation, die sich erst bei grösseren Typen verlohnt.

135. Gehäuse sollen steif sein und, namentlich bei kleinen Typen, eine einfache Befestigung der Bleche zulassen; in Fig. 41, Taf. III, ist die Anordnung so getroffen, dass die Bleche des Laufs sich einerseits gegen eine angegossene ringförmige Rippe legen und andererseits durch einen ebenfalls ringförmigen Druckring gehalten werden, der bei der Herstellung des Motors durch eine Presse angedrückt und durch Ausgiessen einer ringförmigen Nut mit Lagermetall od. dgl. festgelegt wird. Als Material dient Gusseisen bei kleinen und mittleren und Guss- oder Schmiedeeisen bei grösseren Gehäusen.

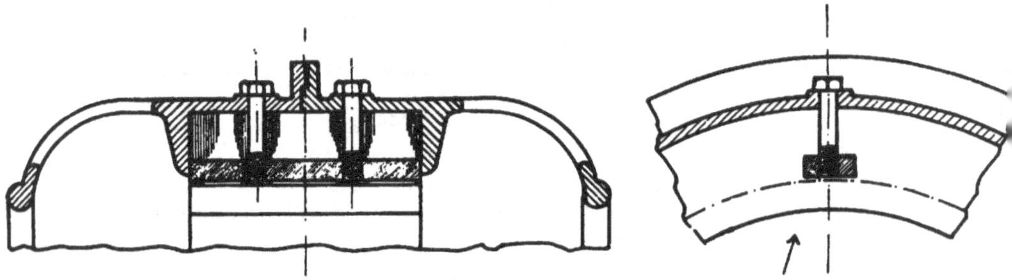

Fig. 64.

Ist man genötigt breite Motoren*) zu bauen, so sollte man durch geeignete Vorrichtungen dafür sorgen, dass ein Ausbauchen des Blechkörpers unmöglich wird (Vgl. Fig. 64).

Zwingen Transport- oder Herstellungsrücksichten zur Teilung des Gehäuses oder kommen sehr grosse Durchmesser in Frage, so muss durch eine besondere Tragkonstruktion (Versteifungsringe, Spannwerk, Abstützung auf das Lager etc.) dafür gesorgt werden, dass nach der Montage das Gehäuse wieder vollkommen rund erscheint.

136. Sehr wichtig ist eine gute Führung der kühlenden Luft; man findet nicht selten Ausführungen, bei denen ein Wiederansaugen der Luft, die den Motor schon einmal durchströmt hat, stattfindet (siehe Fig. 65 a); das ist grundsätzlich falsch, weil natürlich in diesem Falle die Luftberieselung nur geringe kühlende Wirkung haben kann. Eine richtige Anordnung zeigt Fig. 65 b.

*) z. B. bei sehr grossen Leistungen und hohen Drehzahlen.

137. In einzelnen Fällen wird Kapselung der Motoren verlangt; bei Drehstrommotoren hat das nur in Spezialfällen Berechtigung, da ein Kollektor ja nicht vorhanden ist und andererseits die Wickeleitechnik heute bereits so weit fortgeschritten ist, dass Gefährdung der Isolation durch Tropfwasser u. dgl., wenigstens bei niedrigen Spannungen, ausgeschlossen werden kann.*)

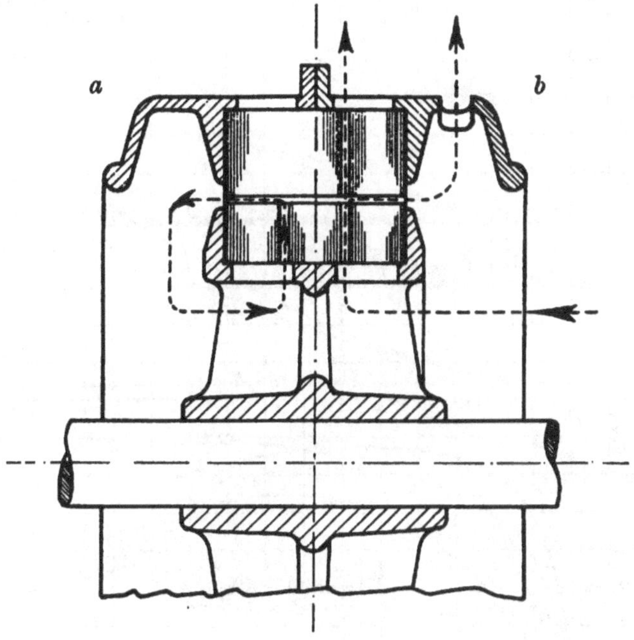

Fig. 65.

138. Häufig ist Erwärmung für die Isolierfestigkeit bedenklicher, als oberflächliche Befeuchtung — Oberflächenleitung muss natürlich in beiden Fällen ganz ausgeschlossen sein. Will man beim gekapselten Motor gleiche Endtemperatur einhalten, wie beim offenen Motor, so darf man, sofern nicht besondere Kühleinrichtungen vorgesehen werden, nur auf etwa ein Viertel

*) Ganz & Co. und Siemens & Halske haben kleine offene Motoren monatelang unter Wasser laufen lassen.

bis höchstens ein Drittel der Leistung des offenen Motors rechnen *).

139. Für intermittierenden Betrieb dürfen bekanntlich Motoren in Bezug auf Erwärmung stärker beansprucht werden**), als Motoren für Dauerlast; da dabei vielfach die Abführung

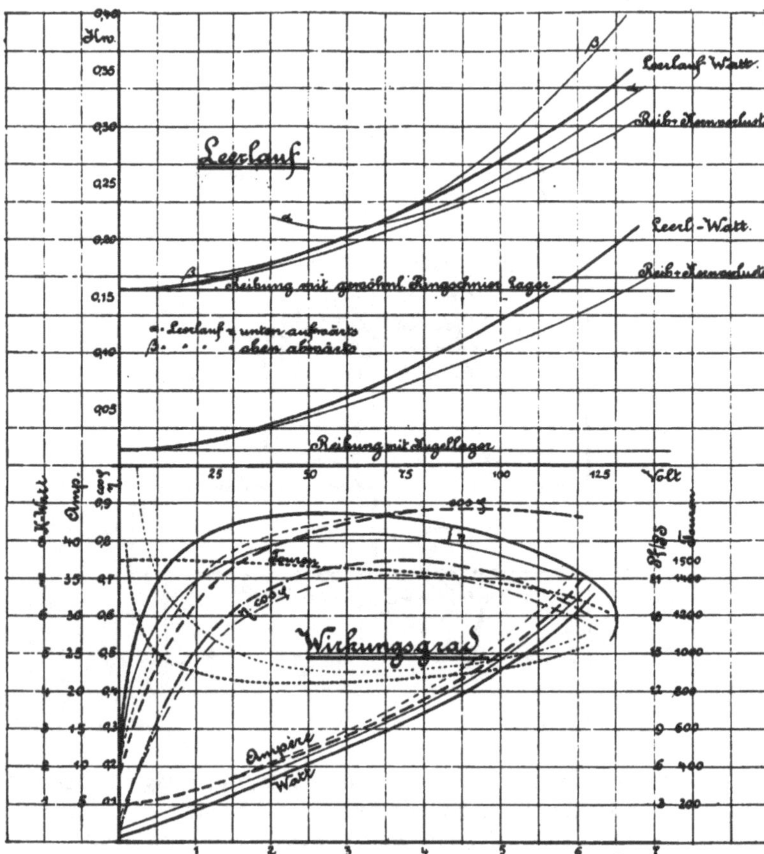

Fig. 66.
Darstellung des Einflusses der Kugellager.

*) Vgl. E. T. Z. 1902, S. 236, Messungen von E. Ziehl.
**) „ „ 1900, S. 1058, Aufsatz von Oelschläger.

der Wärme durch Leitung und Strahlung gegen den Einfluss der Wärmekapacität zurücktritt, so ist dann die Kapselung nicht von so grossem Nachteil.

140. Lager. Die Lager sollen so nahe als möglich zu einander gebracht werden und so reichliche Abmessungen haben, als es die jeweiligen Verhältnisse irgend gestatten; je kürzer die Welle wird, desto besser. Bei kleineren Motoren

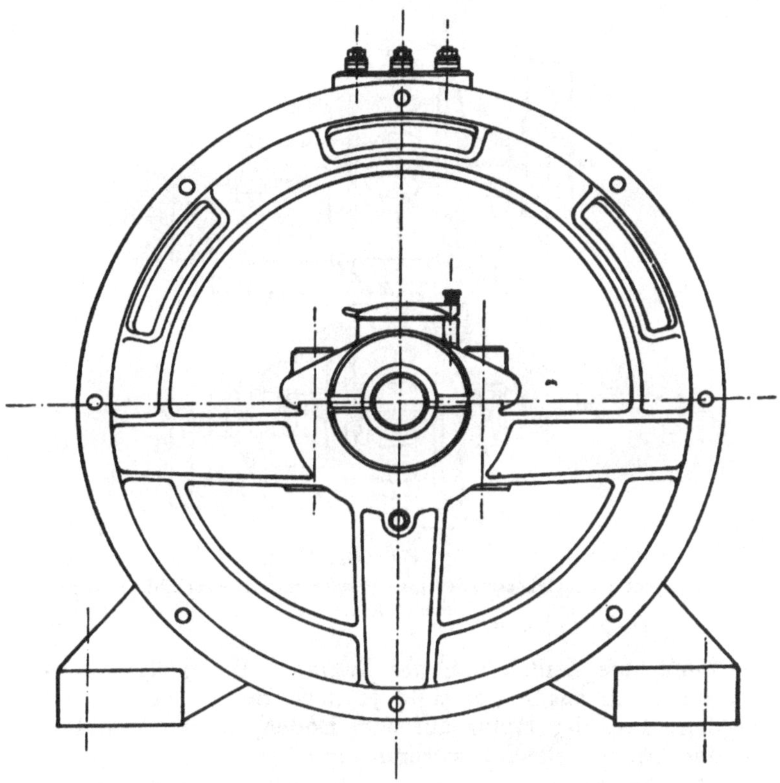

Fig. 67.
Lagerschild zum Motor, Beispiel II, Seite 74.

beginnt man neuerdings mit der Einführung von Kugellagern; wie weit dies von Vorteil sein wird, kann gegenwärtig noch nicht abschliessend beurteilt werden; Fig. 66 zeigt Kurven, die an zwei Motoren der Gesellschaft für elektrische Industrie in Karlsruhe von dieser selbst aufgenommen wurden, um über den etwa erreichbaren Vorteil ein Urteil zu gewinnen.

141. Soweit es angängig ist, d. i. etwa bis zu 100 PS. und 500 Umdrehungen, baut man die Lager gern in sogenannte Lagerschilder ein, die mit dem Gehäuse des Laufs verschraubt werden (Fig. 67 u. 68); diese Anordnung ist billig und giebt

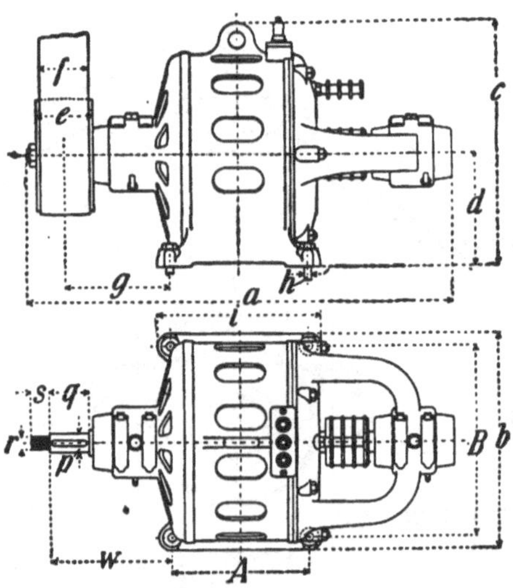

Fig. 68.
Beispiel einer Massskizze eines Motors mit Lagerschildern von Siemens & Halske.

die einfachste Zentrierung des Lagers. Bei geeigneter Ausführung kann das Lagerschild je nach Bedarf so eingestellt werden, dass der Motor auf dem Boden, an der Wand oder an der Decke befestigt werden kann.*)

Grosse Motoren müssen besondere Grundplatten mit zwei oder drei Lagerböcken erhalten. Fig. 69a u. b.

*) Bei einzelnen Ausführungen ist allerdings hierfür bisher noch nicht gesorgt worden, weil der Konstrukteur sich nicht zum Bewusstsein brachte, unter welch verschiedenartigen örtlichen Verhältnissen die Motoren aufgestellt werden müssen; man muss das als einen Fehler bezeichnen.

142. Läufer. Die Läuferbleche werden bei kleinen Motoren direkt auf die Welle geschoben und durch Schrumpfringe festgehalten (Fig. 41, Taf. III). Bei grösseren Motoren wird es erforderlich, eine besondere Ankernabe anzuwenden (Fig. 57, Taf. VIII), die nach bekannten Grundsätzen zu entwerfen ist. In Spezialfällen wird Einbau von Schwungmassen verlangt (Pumpenantrieb).

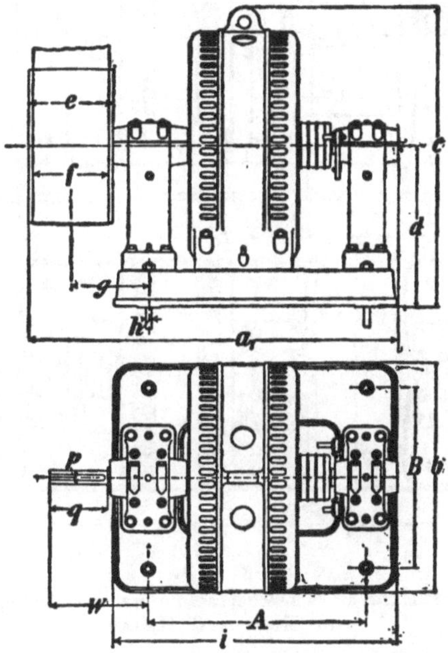

Fig. 69a.

Beispiel einer Massskizze eines Drehstrommotors mit Grundplatte u. 2 Lagern von Siemens & Halske.

143. Die Lüftungsschlitze sind mit radialen Rippen zu versehen, damit eine genügende Kreiselpumpenwirkung zu Stande kommt; wird das unterlassen, so ist der Nutzen der Schlitze nur gering.

144. Beim Entwurf des Blechkörpers soll von vorne herein darauf Bedacht genommen werden, dass die Segmente oder

Ringe aus den im Handel vorkommenden Blechtafeln ohne allzuviel Abfall herausgestanzt werden können. Wie dabei zu verfahren ist, zeigt Fig. 70, Tafel X.

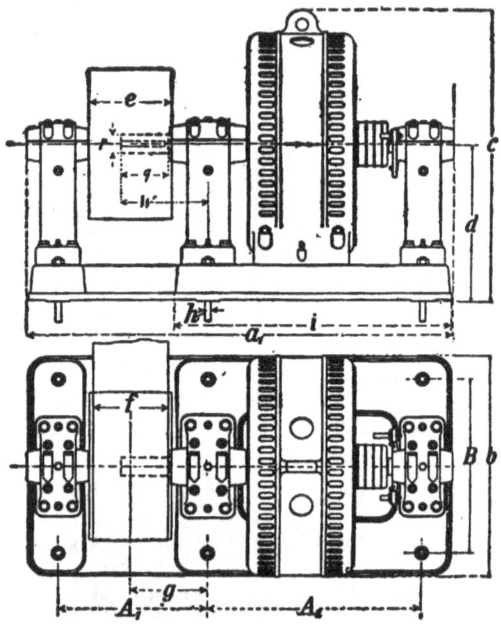

Fig. 69 b.
Beispiel einer Massskizze eines Drehstrommotors mit Grundplatte u. 3 Lagern von Siemens & Halske.

Kapitel VII.

Drehstrommotoren unter ungewöhnlichen Betriebsbedingungen.

A. Der Drehstrommotor mit viel ohmschem Verlust.

145. In gewissen Fällen spielen die ohmschen Verluste eine grössere Rolle, z. B. bei sehr kleinen Motoren oder bei Motoren, die bei geringem Wicklungsraum ausnahmsweise für hohe Spannung gewickelt werden sollen u. s. w. Es giebt verschiedene Methoden, den besonderen Verhältnissen im Diagramm Rechnung zu tragen, eine der einfachsten dürfte die Folgende sein.

Man errichtet in L (Fig. 71) ein Lot auf dem Durchmesser des Kreises und trägt auf demselben die Stücke LC_1 und LC ab. Dann wird bei richtigem Massstab jede auf DL errichtete Ordinate so geteilt, dass zwischen RC_1 und RC_2 ein Stück liegt, das $J_2^2 w_2$ proportional ist, und zwischen RC_1 und DL ein solches, das ziemlich genau $J_1^2 w_1$ entspricht. Der Beweis ist sehr einfach.

Es sei $$C_o = \overline{C_2 C_1}$$
und es entspreche dem Strom J_o
$$J_o^2 = m C_o$$
wobei m eine Constante ist.

Wir setzen weiter
$$\overline{RM} = a \quad RL = a_o$$
und haben erstens
$$\overline{RN}^2 = J_2^2 = a^2 + \overline{MN}^2$$
zweitens
$$\frac{a}{a_o} = \frac{C}{C_o}$$ (C ist das zwischen RC_1 und RC_2 liegende Stück von MN)

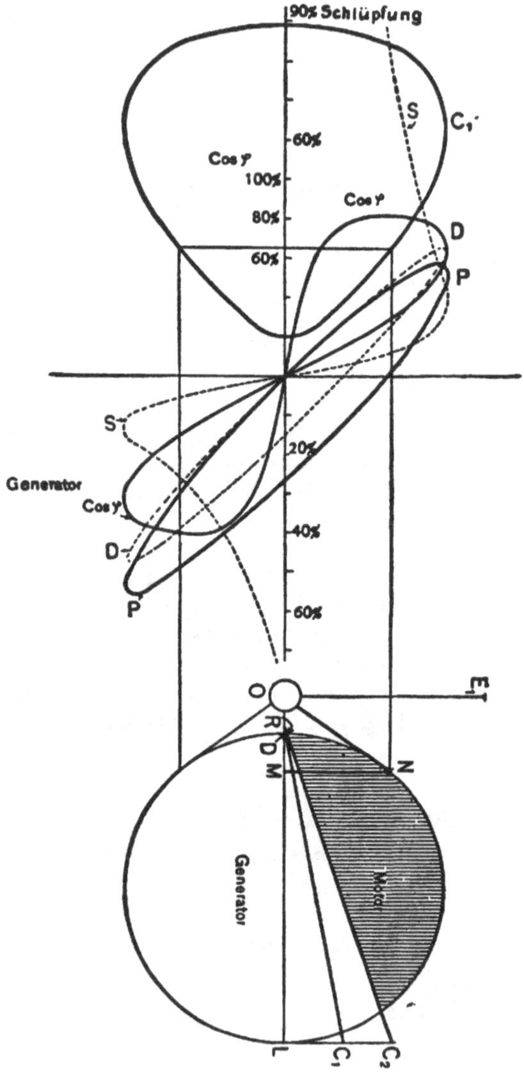
90% Schlüpfung
S
C₁'
60%
Cos φ
100%
80%
60%
Cos φ
D
P
S
20%
Generator
Cos φ
40%
D
P
60%
O
E₁
R
D
M
N
Generator
Motor
L
C₁
C₂

Fig. 71.

und drittens

$$\overline{MN}^2 = a\ (\overline{DL} - a).$$

Es folgt daher

$$J_2^2 = \left(\frac{a_0\, C}{C_0}\right)^2 + \frac{a_0}{C_0}\, C \left(\overline{DL} - \frac{a_0}{C_0}\, C\right)$$

$$J_2^2 = \frac{a_0\, C}{C_0}\, DL$$

oder

$$J_2^2 w_2 = \text{const. } C.$$

In ähnlicher Weise kann bewiesen werden, dass der ohmsche Verlust in der Primärwicklung durch die Ordinaten zwischen DL und RC_1 dargestellt werden kann, da RN für den ohmschen Verlust, welcher durch den Strom ON hervorgerufen wird, mit genügender Genauigkeit der Rechnung zu Grunde gelegt werden kann.

Es ist ferner klar, dass die Leistung des Motors durch die Ordinaten zwischen dem Kreis und RC_2 dargestellt wird, während die Ordinaten zwischen dem Kreis und RC_1 das Drehmoment D des Motors angeben. Die prozentuale Schlüpfung ist gleich dem Verhältnis des Verlustes in dem Läufer, zur gesamten Energie der Sekundärwicklung, daher gleich dem Verhältnis der Ordinaten zwischen RC_1 und RC_2 geteilt durch die Ordinaten zwischen dem Kreis und RC_1.

B. Der Drehstrommotor als Induktions-Generator.

146. Das in Abschnitt A entwickelte Diagramm ist besonders wertvoll für die Verfolgung der Vorgänge für den Fall, dass ein Motor von aussen her angetrieben eine grössere Geschwindigkeit annimmt, als dem Synchronismus entspricht. Dies kann z. B. beim Hebezeugbetrieb eintreten, wenn die Last niedergeht. In dem Fall darf, wie Heyland gezeigt hat, der Halbkreis einfach zum Vollkreis gemacht und die unter die Abszissenaxe fallende Hälfte zum Aufsuchen der Betriebskurven benutzt werden.

147. Nehmen wir, um eine bessere Uebersicht zu gewinnen, vorerst an, der als sekundärer Teil dienende Läufer werde synchron angetrieben. Alsdann rotiren die Drähte desselben mit genau derselben Geschwindigkeit wie das Drehfeld. Im Läufer kann keine E. M. K. induziert werden, er bleibt vollständig stromlos. Da keine Ummagnetisierung des Läufers stattfindet, Verluste durch Hysteresis- und Wirbelströme also nicht eintreten können,*) so braucht die Antriebsmaschine nur Reibung zu überwinden. Die Verluste auf dem primären Teil, die durch Wirbelströme, Stromwärme und Ummagnetisierung des Eisens hervorgerufen werden, gleicht der Netzstrom aus. Im Diagramm Fig. 72 ist der synchrone Antrieb des Induktions-Motors dargestellt. Es sei OE die durch den synchronen Generator zugeführte Spannung. Ihr Vektor muss nahezu senkrecht auf dem des magnetischen Flusses OD stehen, der ihr das Gleichgewicht hält. In gleicher Phase mit dem Magnetismus, also 90° gegen OE verschoben, schwingt der wattlose Ummagnetisierungsstrom OA; weil aber wegen der Verluste im Lauf Arbeit zugeführt werden muss, liefert der synchrone Generator eine Stromstärke $OB = i$, deren Wattkomponente OC dem Verlust im Lauf entspricht.

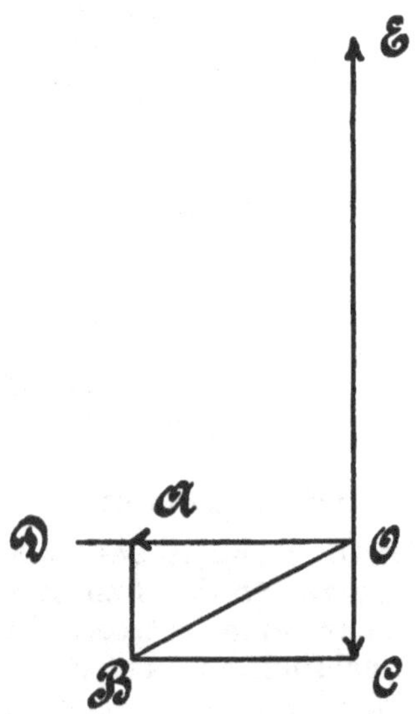

Fig. 72.

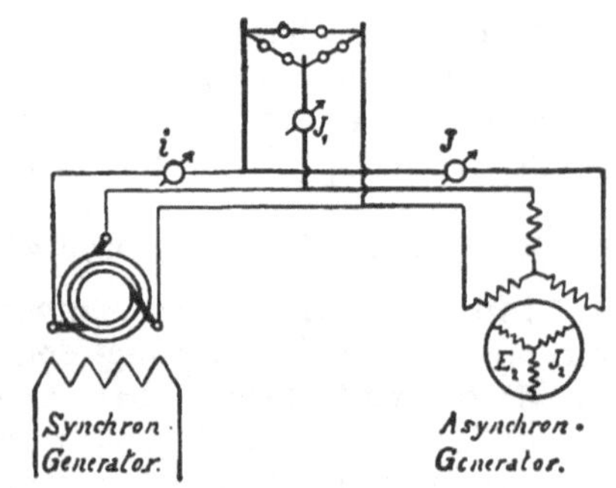

Fig. 73.

148. Wird nun beispielsweise, wie Fig. 73 zeigt, parallel zum Synchron-Generator und zum Induktionsmotor eine Lampenbatterie geschaltet, so kann diese in der Weise gespeist werden, dass man den Motor übersynchron antreibt. Die im Lauf induzierte E.M.K., die bei untersynchronem Lauf als Gegen-E.M.K.

---

*) Diese Annahme gilt streng nur in der Theorie; in Wahrheit treten wegen der Unvollkommenheiten des Drehfeldes doch geringe Verluste im Läufer auf. Vgl. E. T. Z. 1901, S. 699.

angesehen wurde, nimmt dann einen erhöhten Wert an; denn da jetzt auch im Läufer E.M.K.K. induziert werden und Ströme entstehen, da letztere aber umgekehrte Richtung haben, wie bei synchronem Lauf, so kann die sekundäre Wirkung die M. M. K. der Primärwicklung nicht mehr abschwächen, sondern muss sie verstärken. Nun ist aber die Grösse des Gesamtmagnetismus M_1 durch die Klemmenspannung, die vom Synchron-Generator aufgedrückt wird, gegeben. Damit weiterhin Gleichgewicht bestehen bleibt, muss deshalb der Strom im primären Teil auch umgekehrt fliessen, als bei Untersynchronismus, er muss gleiche Richtung mit der E. M. K. des Laufs annehmen, d. h. der Motor muss zum Generator werden. Die M. M. K. OA resultirt jetzt aus dem Läuferstrom J_2 und dem Strom im Lauf, welcher in Phase und Grösse durch OJ_1 gegeben ist. Die Leistung des synchronen Generators bestimmt sich durch die Wattkomponente von OJ_1, durch OF und beträgt $OF \times OE$. (Fig. 74).

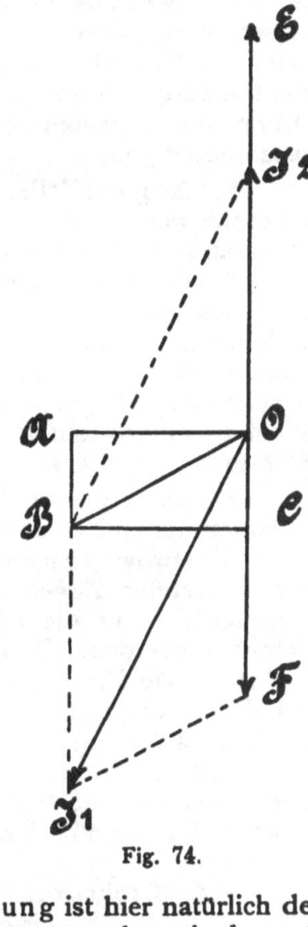

Fig. 74.

149. Der Einfluss der Streuung ist hier natürlich der Gleiche wie bei den Induktionsmotoren, man hat wie dort mit Streuung und Abweisung zu rechnen. Die sekundären Ampèrewindungen drängen mit zunehmender Stärke einen immer grösseren Teil der Kraftlinien, die von der Erregerstromstärke erzeugt werden, aus dem Anker heraus. Daraus folgt wie beim Motor, dass es ein Maximum des cosinus und der Leistung giebt, wie es das vervollständigte Heyland'sche Diagramm ohne Weiteres erkennen lässt.

150. Ein grosser Nachteil des Uebersynchrongenerators liegt darin, dass er bestimmte Leistungen nur unter bestimmten Phasenverschiebungen abzugeben vermag. Diese Phasenverschiebung wird, nach Lage des Stromvektors, durch die Leistungs-Verluste ungünstig beeinflusst, so dass der $\cos \varphi$ recht niedrige Werte annimmt. Man kann diesen Fehler natürlich durch geeignete Konstruktion abschwächen, aber nie ganz beseitigen.

151. Es giebt Fälle, in denen der übersynchrone Generator praktisch wertvoll ist. Hat man z. B. in einem Elektrizitätswerk neben anderen Maschinen eine Dampfturbinendynamo, die beim Puls 50 mit 2000 Umdrehungen laufen soll, so ist die Anwendung des Induktions-Generators geboten, weil bei 2000 Umdrehungen ein Synchron-Generator nicht so gebaut werden kann, dass er den Puls 50 liefert. Der Betrieb wird dann zweckmässig so geregelt, dass man den Induktions-Generator nur dann mitarbeiten lässt, wenn die zum $\cos \varphi_{max}$ gehörende Belastung erreicht werden kann.

152. Die Eigenschaft des Induktionsmotors als Generator zu laufen, ist im Bahnbetrieb zum Bremsen auf Gefälle benutzt worden. (Brown, Boveri & Co.) Das Arbeitsvermögen des herabfahrenden Zuges wird im Motor in elektrische Energie umgesetzt, wenn die Läufer durch den Wagen schneller angetrieben werden, als die synchrone Tourenzahl beträgt.

Auch zur Bremsung schwerer Züge vor der Station liesse sich der Uebersynchronantrieb verwenden; man könnte entweder die Kontaktleitung auf den Bremsstrecken mit niedrigerem Puls speisen, als auf der freien Strecke (System Kübler-Schimpff 1897) oder einzelne Motorgruppen in Kaskade schalten (System Ganz & Co. 1899). (Vgl. 168.)

C. Drehstrommotoren in unsymmetrischen Mehrphasennetzen.

153. Bestehen in einem Drehstromnetz Ungleichheiten der Spannungen, so wird die Symmetrie eines Drehstrommotors gestört. Der Drehstrommotor ist, wenn er selbst symmetrisch gebaut ist, seinerseits bestrebt, die Ungleichheiten wieder aufzuheben. Daraus können dann im Betrieb Unzuträglichkeiten entstehen, es kann vorkommen, dass ein Drehstrommotor zwischen der Leitung I—II und II—III Energie entnimmt und zwischen I—III Energie abgiebt; dabei kann eine Ueberlastung eines Teiles seiner Wicklung entstehen, die zu unzulässigen Erwärmungserscheinungen führt.

Man hat früher unsymmetrische Anordnungen vorgeschlagen und zum Teil ausgeführt*), dabei aber nicht den geringsten Vorteil gegenüber dem eigentlichen Drehstromsystem erreicht, so dass mit Rücksicht auf die angegebenen Nachteile von ihrer Anwendung durchaus abgesehen werden sollte.

D. Drehstrommotoren als Spannungsregler.

Werden Lauf und Läufer eines Drehstrommotors hintereinandergeschaltet und in irgend einer gegenseitigen Lage festgehalten, so werden die in beiden durch das Drehfeld induzierten E.M.K.K. eine bestimmte Phasenverschiebung gegeneinander haben; die Klemmenspannung ist dann angenähert gleich der vektoriellen Summe der E.M.K.K. Da man durch Veränderung der gegenseitigen Lage von Lauf und Läufer auch die Phasenverschiebungen ändert, so ist ein Mittel zur Spannungsregulierung innerhalb gewisser Grenzen gegeben. Man kann eine solche natürlich auch bei Sondererregung des primären Teiles erreichen.

Die Berechnung eines auf dies Prinzip gegründeten „Induktionsregulators" erfolgt nach denselben Grundsätzen, wie beim Motor; da der Läufer im Allgemeinen still steht, so kann der Luftraum äusserst knapp bemessen werden, sonst ist aber, weil Kühlung durch Luftbewegung ohne besondere Hülfsmittel nicht möglich ist, mit Rücksicht auf Erwärmung reichlicher zu dimensionieren, als beim Motor. Oelfüllung des Gehäuses ist unter Umständen zu empfehlen. Für grosse Leistungen empfiehlt es sich, zwei Systeme mit einander starr zu kuppeln und elektrisch so zu schalten, dass sie als Motor entgegengesetzten Drehsinn haben würden, weil dann die Drehmomente sich aufheben und nennenswerte mechanische Beanspruchungen der Einstellvorrichtung nicht stattfinden.

*) Z. B.: das „monozyklische System".

Kapitel VIII.

Das Anlassen des Drehstrommotors.

154. Wir unterscheiden Motoren, die bei voller Zugkraft (d. i. vollem synchronem Drehmoment) anlaufen müssen und solche die „unbelastet“ anlaufen. Kommt Anlauf ohne Last in Frage, so können kleine Motoren bis etwa 5 PS. Kurzschlussanker ohne besonderen Anlasser erhalten. Man muss sich aber auch bei kleinen Motoren immer auf nicht unbedeutende Stromstösse beim Anlassen gefasst machen, die kaum durch Umschalten — Anfahren mit Sternschaltung, Fahren mit Dreieckschaltung — etwas gemildert werden können; denn beim Einschalten nimmt ein Motor mit Kurzschlussanker ungefähr einen dem Kurzschlussstrom entsprechenden Strom auf.

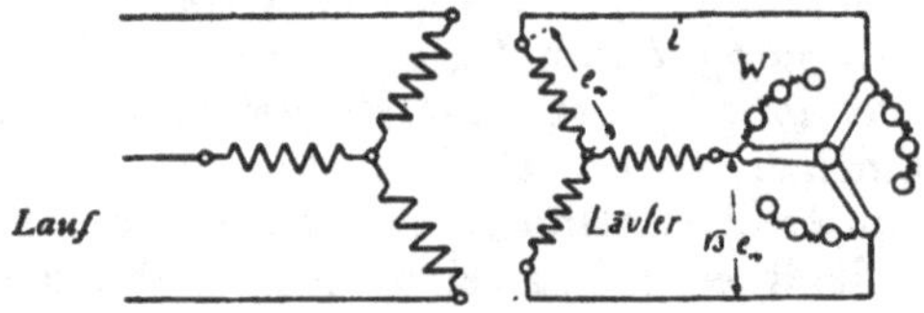

Fig. 75.

155. Beim Anfahren mit Anlasser wird nach Fig. 75 geschaltet und durch Drehen der Kurbel so lange reguliert, bis sich der Motor in Bewegung setzt. In diesem Augenblick hat der sekundäre Teil so viel Strom, als dem geforderten — synchronen — Drehmoment entspricht und die volle transformierte Spannung.

$$E_2 = \text{ca. } E_1 \frac{Z_2}{Z_1}.$$

Die von Anlasser- und Läuferwicklung zusammen verzehrte Leistung ist daher gleich der Leistung, die der Läufer in normalem Betriebe aufnehmen, und teils in Stromwärme teils in mechanische Leistung überführen würde. Darnach ist die Berechnung eines Anlassers leicht.

156. Beispiel. Anlasser für einen 10 PS.-Motor. Läufer sekundär. Spannung an den Schleifringen beim Einschalten des Laufs 60 Volt. $3\, J_2^2 w_2 = 3\%$.

$$J_2 = \text{ca. } \frac{10 \cdot 736}{\sqrt{3}\, E_2}$$

$$= \frac{10 \cdot 736}{\sqrt{3}\; 60}$$

$$= 71 \text{ Amp.}$$

$$J_2 (w_2 + w_a) = \frac{E_2}{\sqrt{3}} = \frac{60}{\sqrt{3}} = 34{,}6$$

$$w_2 + w_a = \frac{34{,}6}{71} = 0{,}48 \text{ Ohm.}$$

Daher Anlasswiderstand pro Zweig ca. 0,50 Ohm*).

Eine andere Methode der Bestimmung des Anlassers wurde bereits in **86** erörtert.

157. Die Abstufung der Anlasser kann nach gleichen Grundsätzen vorgenommen werden, wie bei Gleichstrommotoren: eine Schwierigkeit liegt darin, dass mit Rücksicht auf die drei Stromkreise eine verhältnismässig grosse Anzahl von Kontakten an dem Stufenschalter des Anlassers nötig wird. Aus praktischen Gründen kommt man deshalb meist zu ziemlich roher Abstufung. Funkenbildung an der Kontaktbahn tritt aber bei Wechselstrom bekanntlich weniger leicht ein, als bei Gleichstrom, sodass man keinen grossen Nachteil dabei hat. Die Stufenschalter sind entweder so eingerichtet, dass in den drei Zweigen die Kurbel gleichzeitig von einem Kontakt zum anderen fortschreitet oder so, dass immer nur ein Kontakt einer Phase, dann ein Kontakt der nächsten Phase u. s. w. geschlossen wird, um ein gleichmässiges Anfahren zu erzielen. Man hat die letztere Schaltung A B C-Schaltung genannt. —

---

*) Häufig findet man die Anlasswiderstände auf 3 Stellen genau berechnet; das ist schon deshalb zu verwerfen, weil kein vernünftiger Fabrikant daran denken wird, so genau messen zu lassen.

Der Endkontakt muss stets sehr reichlich bemessen werden, damit er nicht durch die unvermeidlichen Uebergangswiderstände die Schlüpfung erhöht und den Wirkungsgrad beeinträchtigt. Kohle ist als Material für den Endkontakt meist unbrauchbar. Bei Motoren für Dauerbetrieb sieht man zweckmässig am Motor selbst einen Kurzschliesser vor, der nach beendeter Anfahrt eingerückt wird und die Schleifringe unmittelbar verbindet. Einige Konstrukteure haben den Anlasswiderstand in den Läufer eingebaut; man erhält dabei zwar gute Kühlung des Widerstandsmaterials, aber, da man nur wenige Kontakte unterbringen kann, allzu grobe Abstufung.

In sehr einfacher Weise lassen sich Flüssigkeitsanlasser verwenden.

158. Die Verbindung von Motor und Anlasser zeigen die Fig. 76—78; die Schaltung Fig. 79 ist grundsätzlich falsch, weil ein in den Primärkreis eingeschalteter Widerstand die Zugkraft eines Drehstrommotors erheblich verringert; sie wird allerdings in vereinzelten Fällen verlangt, wo man ganz allmähliches Einschalten wünscht. Der Vorteil, den man dabei wirklich erzielt, ist aber null oder sehr gering; nur bei sehr grossen Motoren mit hohem Magnetisierungsstrom hätte die Einrichtnng Sinn; ganz verfehlt ist es aber zu glauben, sie mache den Widerstand im sekundären Teil entbehrlich.

159. Widerstand im Primärkreis bewirkt Verringerung der Gegen-E. M. K. oder, was gleichbedeutend ist, Verringerung des Magnetismus. Im Kreisdiagramm spricht sich das durch Abnahme von J_μ und J_k aus, der Durchmesser des Kreises wird kleiner. Die grösste Ordinate im Kreise war das Mass für das grösste Drehmoment, und zwar gab sie bei konstantem Gesamtfluss M_1 unmittelbar die grösste Zugkraft an. Da nun aber bei Verringerung der Gegen-E. M. K. der Durchmesser des Kreises und der magnetische Fluss zugleich und in gleichem Verhältnis abnehmen, so ist ersichtlich, dass die grösste Zugkraft proportional dem Quadrate der Verminderung der Gegen-E. M. K. sinkt.

160. Im Gegensatz zur Vorschaltung eines Widerstandes im Primärstromkreis steht nach dem eben Gesagten die Erhöhung der primären Klemmenspannung oder, besser gesagt, des Magnetismus beim Anfahren. Man kann letztere erreichen:

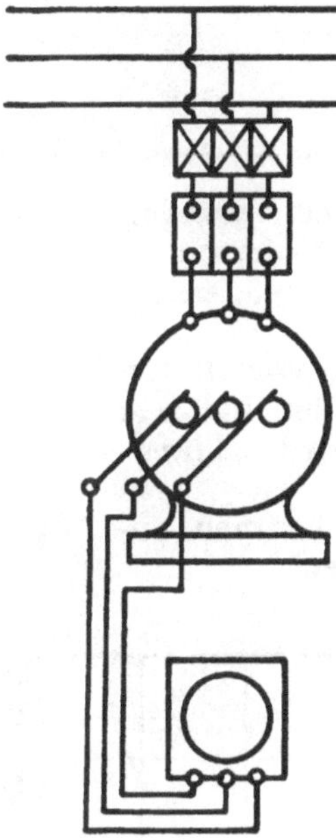

Fig. 76.

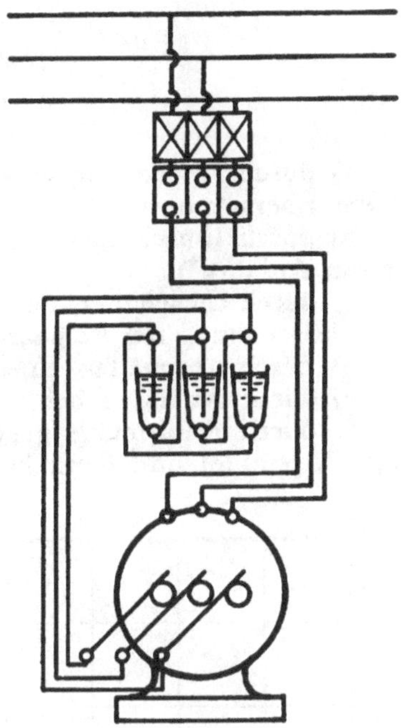

Fig. 77.

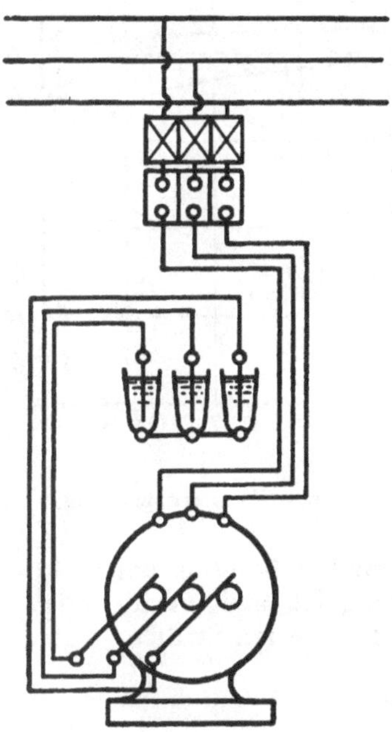

Fig. 78.

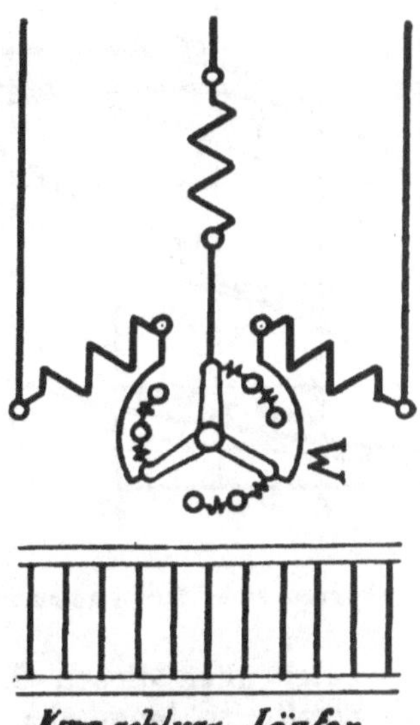

Fig. 79.
Unrichtige Disposition des Anlassers.

a) durch Anordnung eines Transformators mit veränderlichem Übersetzungsverhältnis zur Speisung des Motors;

b) durch Umschalten der Wicklung von Stern auf Dreieck für die Anfahrt *);

c) durch Umschalten der primären Wicklung von Hintereinanderschaltung der Polpaare auf teilweise Parallelschaltung;

d) durch Abschalten eines Teiles der primären Wicklung;

e) durch Anlassen bei verringertem Puls.

f) durch Anordnung gekuppelter Motoren, die man anfänglich parallel und dann hintereinander schaltet.

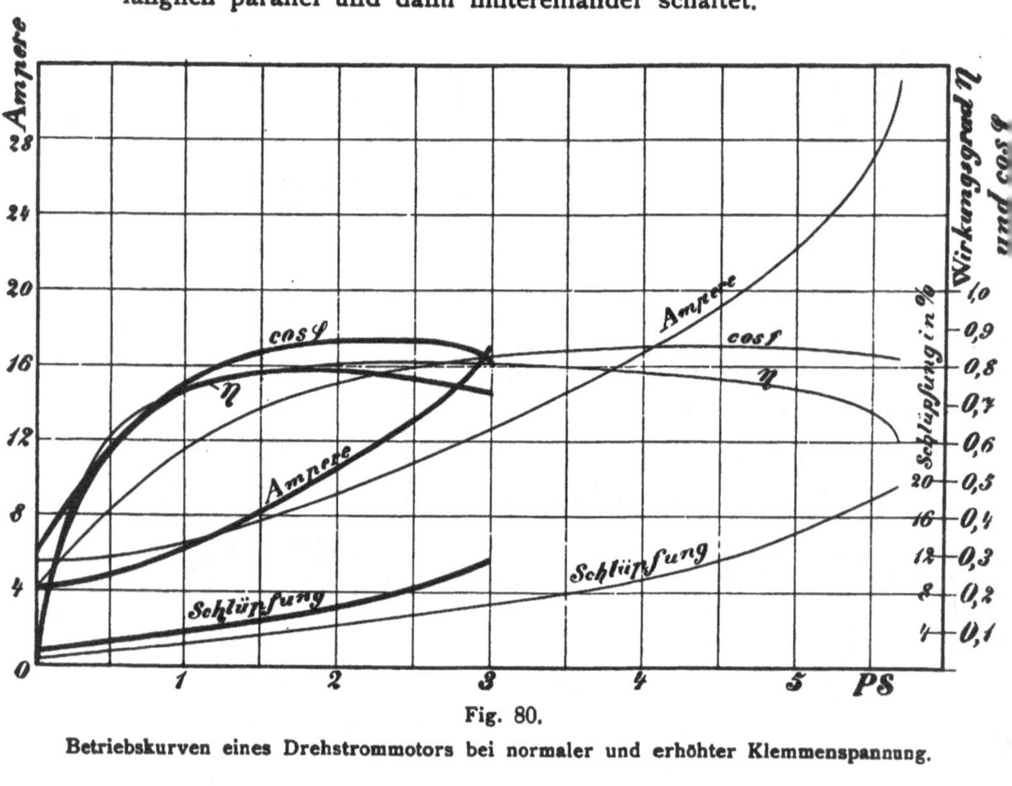

Fig. 80.

Betriebskurven eines Drehstrommotors bei normaler und erhöhter Klemmenspannung.

Bei allen diesen Schaltungen erzielt man Erhöhung der Zugkraft; so lange die Eisensättigung gering ist, steigen zugleich der Magnetismus und die von diesem induzierten Ströme;

*) Also umgekehrt wie unter 154 angenommen.

da das Drehmoment proportional dem Produkt Magnetismus mal Ankerstrom ist, so wirkt einer dieser Eingriffe immer sehr energisch, es geschieht das Umgekehrte, wie bei Vorschaltung von primärem Widerstand, das maximale Drehmoment und die maximale Leistung wachsen annähernd mit dem Quadrat der Spannung pro Primärwindung. Zugleich ist eine unmässige Zunahme des Stromverbrauchs keineswegs zu fürchten, da der sekundär eingeschaltete Anlasser eine solche ja verhindert.

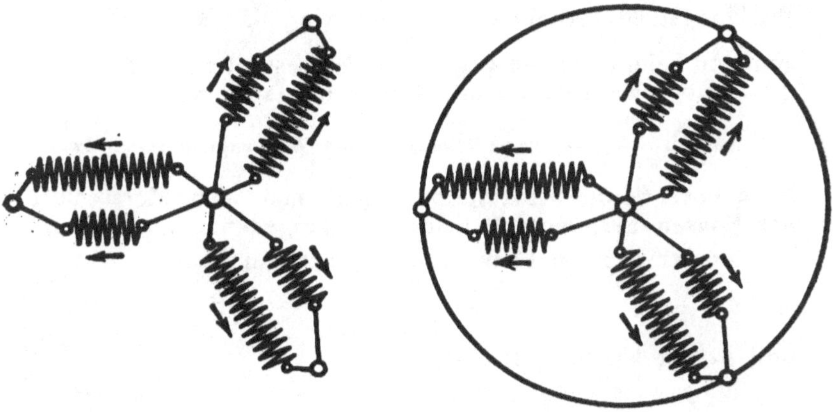

Sekundärer Teil
in Gegenschaltung mit kurzgeschlossener Gegenschaltung
Fig. 81.

161. Fig. 80 zeigt die Kurven für einen und denselben Motor bei zwei verschiedenen Magnetisierungen. Die höhere Magnetisierung wird in diesem Fall für Motoren mit intermittierendem Betrieb verwandt, bei denen geringer Raumbedarf und billiger Preis von Bedeutung ist, während dort andererseits von der grösseren Eisenbeanspruchung bedenkliche Erwärmung nicht zu befürchten ist. Man lässt daher in diesem Fall den Motor stets mit Uebermagnetisierung arbeiten.

Im Eisenbahnbetrieb hat man von der Möglichkeit, mit überhöhter Spannung anzufahren, ebenfalls Gebrauch gemacht (Siemens & Halske), hier aber aus naheliegenden Gründen Mittel vorgesehen, um nach beendetem Anlauf die Magnetisierung zu ermässigen.

162. Für Drehstrommotoren sind einige Specialanlassvorrichtungen erdacht worden, die mehr oder weniger die Anwendung von Hand zu bedienender Anlasswiderstände entbehrlich machen. Hierzu gehört vor Allem die „Gegenschaltung" (System Görges, ausgeführt von der Siemens & Halske A. G.) (Fig. 81). Die Wickelung des Läufers besteht aus zwei Teilen, von verschiedener Windungszahl, von denen der eine z. B. doppelte Drahtzahl und daher doppelten Widerstand als der andere besitzt. Die elektromotorischen Kräfte der beiden Wicklungsteile verhalten sich dann wie $\frac{2e}{e}$. Beide Wicklungen sind beim Anlassen gegeneinander geschaltet, so dass also $2e - e = e$ wirksam bleibt. Die Stromstärke wird

$$= \frac{e}{3w} \quad w = \text{Widerstand pro Wicklungsteil einer Phase.}$$

Nach etwa $^2/_3$ der Anlaufperiode stellt man den Kurzschluss der Phasen her, worauf beide Wicklungen parallel arbeiten.

In der grossen Phase entsteht jetzt ein Strom

$$i = \frac{2e}{2w} = \frac{e}{w}$$

und in der kleinen entsteht

$$i = \frac{e}{w}.$$

In der grossen und in der kleinen Phase wird eine Spannung $e = i.\ w.$ verzehrt.

163. Für das Kurzschliessen nach Beendigung des ersten Teiles der Anlaufperiode werden mit gutem Erfolg selbstthätig wirkende Zentrifugalkurzschliesser benützt.

Einen solchen Apparat zeigt Fig. 82*)

In einer Trommel,**) die fest auf der Welle des Motors sitzt, sind zwei doppelarmige Hebel *H H* drehbar um zwei diametral einander gegenüber liegende Zapfen *A A* gelagert. Diese Hebel tragen an ihrem längeren Arme ebenfalls drehbar gelagerte Kontaktstücke *C*. Der kürzere Arm der Hebel

*) Die bildliche Darstellung ist hier ausnahmsweise der constructiven vorzuziehen, weil sie die Wirkungsweise der Vorrichtung schneller verständlich macht.

**) Diese Beschreibung ist einem Bericht der S. & H. A. G. entnommen.

stützt sich in je eine Druckfeder F. Diese Feder wirkt der Zentrifugalkraft, mit der das Kontaktstück C sich von der Achse zu entfernen strebt, entgegen. Bei einer gewissen Geschwindigkeit setzt sich der Hebel H in Bewegung, indem sich das Kontaktstück C der Kontaktplatte P nähert. Nun wird einmal mit wachsendem Abstande des Kontaktstückes C von der Achse die Zentrifugalkraft grösser, andererseits der Hebelarm, an dem die Feder F angreift, geringer. Der Hebelarm H_1 kann sogar so angebracht werden, dass das Moment der Feder, obwohl der Federdruck grösser wird,

Fig. 82.

abnimmt. Infolgedessen befindet sich das Kontaktstück C, sobald es einmal die Ruhelage verlassen hat, in keiner Stellung mehr im Gleichgewicht, es muss mit grosser Geschwindigkeit in die äusserste Lage übergehen, wobei es sich fest an die Kontaktplatte P anlegt. Dieser Uebergang von einer Lage in die andere macht sich durch einen kurzen Schlag im Kurzschliesser bemerkbar. Nimmt nun die Geschwindigkeit noch weiter zu, so wächst die Zentrifugalkraft und das Kontaktstück *C* liegt dauernd mit grossem Druck auf der Kontaktplatte *P* auf, so dass ein sehr sicherer Kontakt entsteht. Damit beim Aufschlagen des Kontaktstückes *C* kein Abprallen und dadurch ein momentanes Oeffnen des Kontaktes stattfindet, ist das Kontaktstück *C* drehbar am Hebel *H* angeordnet und gleichzeitig unsymmetrisch ausgebildet, sodass auf die eine Seite die Zentrifugalkraft stärker wirkt, als auf die andere Seite.

164. Eine andere Anordnung, die ebenfalls selbstthätig arbeitet, hat Zani angegeben; er schaltet in den Sekundärkreis drei ohmische Widerstände und drei Drosselspulen, die unter sich parallel verbunden sind. Steht der Läufer still, so ist der Puls der in ihm durch das Drehfeld erzeugten Ströme ein hoher, also der scheinbare Widerstand der drei Drosselspulen gross. Je mehr die Umlaufszahl des Ankers zunimmt, um so kleiner wird der Puls seiner Ströme, so dass bei normalem Lauf die Widerstände durch die Drosselspulen, deren ohmscher Widerstand sehr gering ist, fast kurzgeschlossen sind.

165. Zu erwähnen sind ferner die Stufenanker (A.E.G. Berlin) und die Siebanker (Bouchérot), bei denen eine Reihe von Käfigwicklungen mit verschiedenen Widerständen vorgesehen werden. Beim Stufenanker wird von Hand oder durch Fliehkraftapparate ein Käfig nach dem andern geschlossen. Beim Siebanker liegt die Wicklung mit höherem Widerstand an der Oberfläche, während die Wicklungen mit niedrigeren Widerständen tiefer ins Eisen eingelegt sind. Beim Anfahren übt die äusserste Wicklung infolge des hohen Pulses eine Schirmwirkung aus, die erst allmählich nachlässt, so dass dann nach und nach auch die tiefer liegenden Windungen vom Kraftfluss erreicht und zur Arbeitsleistung herangezogen werden.

166. Bei sogenannter reiner Arbeitsübertragung, d. h., wenn man es nur mit einem Generator und einem Motor zu thun hat, ist es möglich und unter Umständen vorteilhaft, Motor und Generator gleichzeitig anlaufen zu lassen; der Motor nimmt dann beim Anfahren nur soviel Leistung auf, als ihm bei der entsprechend verringerten Spannung zugeführt wird, wobei das Drehmoment seine volle Grösse behalten kann, da ja auch der Puls verringert ist, der Magnetismus also nicht kleiner ist, als bei normalem Betrieb. Voraussetzung ist aber, dass der Generator bei geringer Drehzahl im Stande ist genügende Spannung zu liefern, um bei den vorhandenen Widerständen dem Motor die volle Stromstärke zuzuführen. Um ein Bild von den Vorgängen zu haben, machen wir eine überschlägige Rechnung für einen angenommenen Fall. Beträgt z. B. der Spannungverlust in der Leitung und im Motor 10% der normalen Spannung, so muss der Generator schon 10% der Spannung geben, ehe der Motor anlaufen kann; wir setzen voraus, dass das bei voll eingeschalteter Erregung mit 10% der Umdrehungszahl erreicht wird. Haben wir nun z. B. bei normalem Betrieb einen Puls $n = 50$, so ergiebt sich für den Moment des Anlaufs ein solcher von $n_1 = 5$; die Sekundärwicklung wird also genau so induziert, als wenn der Motor bei normalem Betrieb 10% Schlüpfung hätte. Daraus kann ermittelt werden, wie gross w_2 sein muss, wenn der Anlauf unter voller Last und bei normalem Strom erfolgen soll. Man findet

$$s = 10 = \frac{A_2}{3\,J_2^2\,w_2 + A_2}$$

A_2 = Leistung bei voller Drehzahl.

Wollte man hiernach den sekundären Widerstand des Motors bemessen und in den Kurzschlussanker legen, so würde man im normalen Betrieb 10% der auf den Anker übertragenen Leistung als Stromwärme verlieren, was natürlich unzulässig ist. Man wird daher auch in diesem Falle eine besondere, wenn auch kleinere Anlassvorrichtung (Anlasser, Gegenschaltung u. dgl.) vorzusehen haben. Der Vorteil des gemeinsamen Anlassens von Generator und Motor ist im Allgemeinen also nur der, dass die Hilfseinrichtungen wesentlich kleiner gehalten werden können, als beim Anlassen mit vollem Puls; die Möglichkeit, einfach Kurzschlussanker anzuwenden, bleibt dagegen auch bei dieser Anordnung eine beschränkte.

Kann man doch ohne jeden Anlasser auskommen, so ist es in diesem speziellen Fall nicht erforderlich, das Kupfer des sekundären Teiles zu isolieren;*) man gewinnt dann erheblich an Wickelraum und erhält einen unverbrennlichen Anker.

---

*) Diese Ausführung wird häufig von der Maschinenfabrik Örlikon benutzt.

Kapitel IX.

Regulierung der Umdrehungszahl.

167. Die einfachste Regulierung geschieht durch Einschalten von abstufbaren Widerständen in den sekundären Kreis; (hierfür kann der Anlasser benützt werden, wenn das Widerstandsmaterial so reichlich bemessen wird, dass es den dauernden Stromdurchgang ertragen kann). Der Methode haften aber zwei schwerwiegende Mängel an. Erstens bedingt sie eine ausserordentliche Verschlechterung des Wirkungsgrades, weil die sekundäre Stromwärme bedeutend vergrössert wird, und zweitens bewirkt sie eine Abhängigkeit der Umdrehungszahl von der Bremsbelastung, weil die sekundäre Stromstärke und mit dieser der Einfluss des Widerstandes und somit die Drehzahlverminderung von der Last abhängt.

Je weiter man die Widerstandsregulierung treibt, um so ähnlicher wird der Drehstommotor in Bezug auf die Einstellung der Drehzahl dem Gleichstromreihenschlussmotor; er läuft leicht belastet schnell und schwer belastet langsam an.

168. Eine vollkommene Einstellung der Umdrehungszahl gestattet die Kaskaden- oder Tandemschaltung, doch lässt sie sich nur ausführen, wenn gleichzeitig mindestens zwei, auf dieselbe Welle treibende Motoren vorhanden sind. Fig. 83.

169. Der sekundäre Teil des Motors I, den wir Vordermotor nennen wollen, wird auf einen Teil des Motors II, des Hintermotors geschaltet, der dadurch zu einem primären Teil wird. Natürlich dürfen auf diese Weise nur solche Teile verbunden werden, deren Wicklungssysteme zu einander passen, in gewöhnlichen Fällen also z. B. die beiden Läufer. Die Läufer werden nun so miteinander gekuppelt, dass sie gleiche Umdrehungszahl halten müssen. In dieser Anordnung laufen gleiche Motoren mit der Hälfte derjenigen Umdrehungszahl, die jeder Einzelne in gewöhnlicher Schaltung annehmen würde.

Eine einfache Erklärung dafür ist die folgende:*)

Wir haben

$$U_1 = const.\, n_1\,(1 - s_1)$$

U_1 = Umdrehungszahl des Vordermotors, n_1 Puls des Netzes. Daraus folgte für den Puls des sekundären Teiles

$$n_2 = n_1\, s_1$$

und für die Drehzahl des Hintermotors

$$U_2 = const.\, n_1\, s_1\,(1 - s_2),$$

Da nun $U_1 = U_2$

so ist $n_1\,(1 - s_1) = n_1\, s_1\,(1 - s_2)$

$$1 - s_1 = s_1 - s_1\, s_2$$

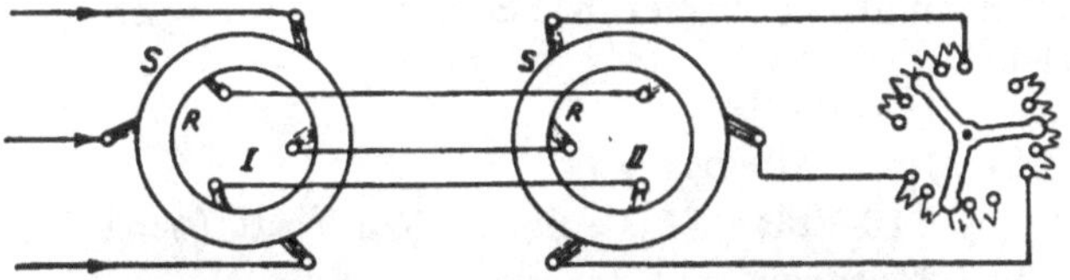

Vordermotor. Fig. 83. Hintermotor.
Tandem- oder Kaskadenschaltung.

s_2 kann im allgemeinen als sehr klein vorausgesetzt werden, $s_1\, s_2$ darf also ohne grossen Fehler vernachlässigt werden und wir finden

$$1 = 2 s_1 \qquad s_1 = 0{,}5$$

womit

$$U_1 = U_2 = const.\, n_1 \cdot 0{,}5.$$

170. Die Kaskadenschaltung lässt sich natürlich auch auf eine grössere Reihe von Motoren ausdehnen, ihre an sich schon beschränkte praktische Bedeutung dürfte aber dann infolge der komplizierten Schaltung ganz aufhören.

171. Die Tandemanordnung der Motoren ist elektrisch in sofern ungünstig, als sie die an sich schädliche Wirkung des Luftspaltes gewissermassen verdoppelt; die Folge ist eine starke

*) Vgl. Blondel-Dubois, la traction électrique II, S. 314.

Verringerung des Leistungsfaktors. Allerdings wird diese dadurch etwas gemildert, dass die Leistungsverluste die Wattkomponente vergrössern; darin liegt aber kein grosser Vorteil, weil eine Verbesserung des Leistungsfaktors auf Kosten des Wirkungsgrades im Wesentlichen die Beseitigung eines Fehlers durch einen anderen Fehler bedeutet. Der Wirkungsgrad sinkt andererseits beträchtlich, bei halber Drehzahl, also halber Leistung, sind die Verluste von zwei Motoren zu decken, woraus ohne Weiteres folgt, dass man bei Kaskadenschaltung grossen Wert auf den Wirkungsgrad der Einzelmotoren zu legen hat. Allerdings werden die Eisenverluste im Hintermotor etwas kleiner; der Hintermotor erhält annähernd die halbe Periodenzahl und die halbe Spannung, der Wert von $\mathfrak{B}$ bleibt aber gleich und die Eisenverluste werden der niedrigen Periodenzahl entsprechend geringer. Ein Versuch, der folgende Werte ergab, ist ganz interessant. Kaskadenschaltung zweier 5 PS-Motoren $U = 1500$. $n = 50$. $E = 110$.

(Leerlauf)

Ein Motor allein:

110 Volt 11,7 Amp. 525 Watt ($\sigma = 0{,}117$)

Zwei Motoren in Kaskade:

110 Volt 19,1 Amp. 1200 Watt
(Vordermotor 900 Watt)
(Hintermotor 300 „)

(Die Stromwärme war ohne wesentlichen Einfluss).

172. Ganz & Co. haben vorgeschlagen, die Tandemschaltung im Eisenbahnbetrieb anzuwenden, um den Wirkungsgrad beim Anfahren zu erhöhen; dies lässt sich in der That erreichen, da ähnliche Verhältnisse eintreten, wie wenn mit zweierlei Puls angefahren wird (vgl. 160).

173. Eine interessante Weiterbildung schlug E. Danielson vor,*) um ähnliche Beziehungen zwischen Zugkraft und Umdrehungszahl zu gewinnen, wie sie bei Gleichstrom-Reihenschlussmotoren vorhanden sind.

Es sollen Motoren verschiedener Polzahl in Kaskade geschaltet werden, z. B. ein 4-poliger und ein 10-poliger

*) Electrical World, 1902. S. 908.

Motor; man kann dann vier verschiedene Umdrehungszahlen erzielen. Bei 50 Perioden z. B. ergiebt sich:

1. Der 4-polige Motor treibt allein $U =$ ca. 1500.

2. Der 10-polige Motor ist Vordermotor; die Motoren werden so geschaltet, dass die Drehfelder entgegengesetzten Drehsinn haben

$$U_1 = \frac{60\,n_1}{5}\,(1 - s_1) \qquad (p_1 = 5)$$

$$U_2 = \frac{60\,n_1\,s_1}{2}\,(1 - s_2) \qquad (p_2 = 2)$$

Bei Vernachlässigung von $\frac{60}{2}\,u_1\,s_1\,s_2$

$$s_1 = -\frac{2}{3}$$

$$U = 1000$$

3. Der 10-polige Motor treibt allein. $U = 600$.

4. Der 10-polige Motor ist Vordermotor; die Drehfelder haben gleichen Drehsinn.

$$s_1 = \frac{2}{7}$$

$$U = 430$$

Man findet also 4 verschiedene Umdrehungszahlen. In Fig. 84 sind diese Verhältnisse dargestellt und zugleich einige Kurven für Reihenschlussgleichstrommotoren nach dem Vorgange des Erfinders zur Ermöglichung eines Vergleiches mit eingetragen.

Auch diese Anordnung ist in erster Linie für Eisenbahnzwecke erdacht worden.

174. Eine andere Anordnung zur Regulierung der Umlaufszahl, die theoretisch die beste Lösung verspräche, und deshalb von verschiedenen Konstrukteuren wie Behn-Eschenburg, Dalander, Ziehl, Heyland vorgeschlagen wurde, ist die Veränderung der Polzahl durch Umschaltbarkeit der Pole. Bisher hat man sich auch hier von vorne herein auf die Einstellung von zwei Umdrehungszahlen beschränken müssen, weil mit Ausnahme der Ringwicklung keine Anordnung vorhanden war, die ohne grosse Komplikation eine vielfache Um-

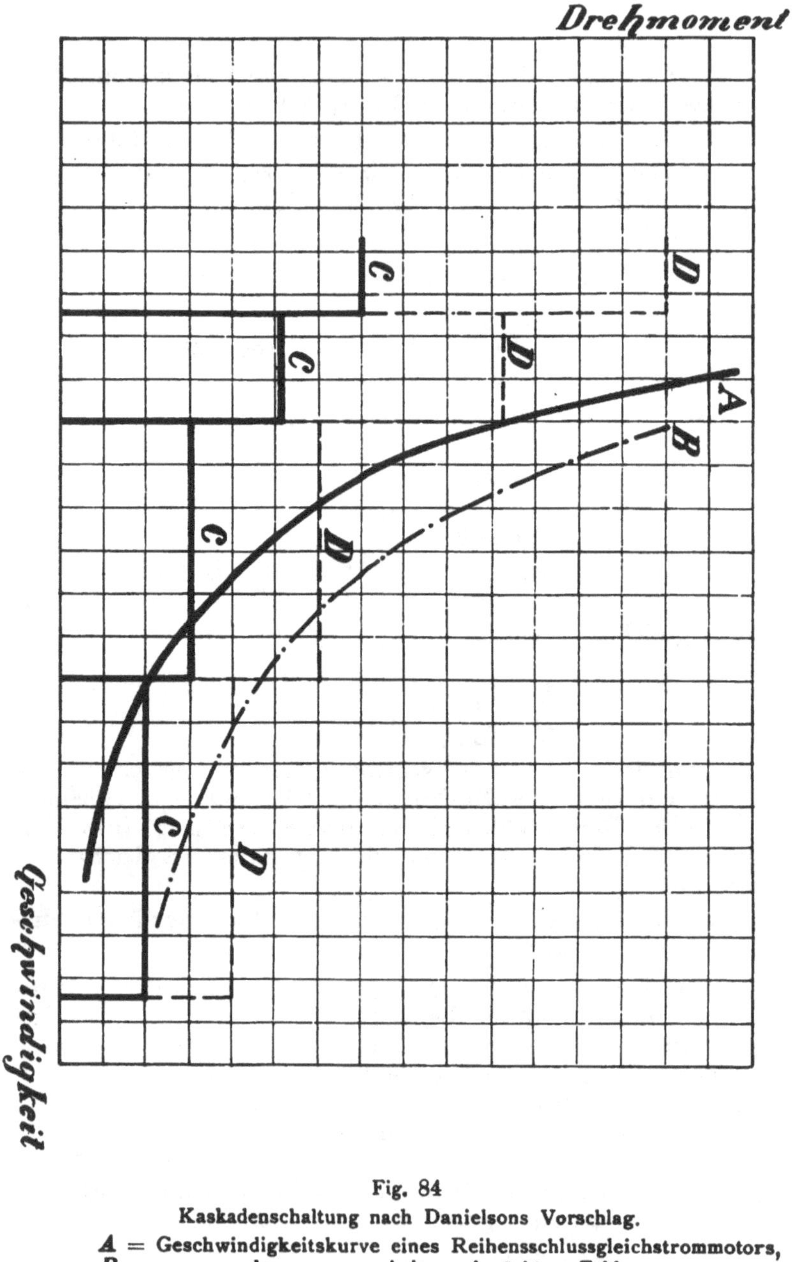

Fig. 84

Kaskadenschaltung nach Danielsons Vorschlag.

A = Geschwindigkeitskurve eines Reihensschlussgleichstrommotors,
B = do. bei geschwächtem Feld,
C = Kaskadenschaltung bei normaler Motorbeanspruchung,
D = do. bei erhöhter Beanspruchung.

schaltbarkeit gestattete und Ringwicklung der sehr ungünstigen Streuungsverhältnisse wegen unbrauchbar ist. Eine Erschwernis sah man weiter darin, dass die sekundären Teile als Käfiganker oder in ähnlicher Weise ausgeführt werden müssen, wenn man nicht auch für sie Umschalter anordnen will, was zu sehr unhandlichen Konstruktionen führt. Daher haben Motoren mit Polumschaltung verhältnismässig wenig Anwendung gefunden.

Ziehl*) hat mit Rücksicht darauf, dass in den meisten Fällen gleiches Drehmoment für halbe und volle Umdrehungszahl verlangt wird und bei voller Umdrehungszahl daher elektrisch das Doppelte der Leistung bei halber Drehzahl aufzunehmen sein würde, vorgeschlagen, beim Umschalten von χ Polpaaren auf $\frac{\chi}{2}$ Polpaare zugleich die Wicklung in zwei Gruppen parallel zu schalten, um bei der erhöhten Stromstärke übermässige Stromwärme zu vermeiden.**)

175. Endlich ist eine Methode zur Verringerung der Umdrehungszahl auf die Hälfte zu erwähnen, die von Knauth***) zufällig gefunden wurde. Der Genannte beobachtete, dass, wenn bei belastetem Motor die Wicklung eines dreiphasigen, als Sekundärteil arbeitenden Läufers durch Abheben einer Bürste in eine einachsige d. i. in eine nur in einer Achse (statt vorher in drei) magnetomotorisch wirkende, verwandelt wurde, die Drehzahl etwa auf die Hälfte fiel und sich auch bei Entlastung auf dieser Höhe erhielt. Die Erscheinung, die infolge ihrer Veröffentlichung durch Prof. Görges häufig „Görgesphänomen" genannt wird, lässt sich nur bei Motoren mit wenig verteilter Wicklung (2 Nuten pro Pol und Phase) beobachten, woraus die Erklärung folgt, dass es sich hier um Einflüsse der Abweichung der Kraftlinienverteilung in der Luft von der Sinusform handelt. Die Anwendbarkeit dieses Verfahrens für die Einstellung halber Umdrehungszahl ist hinter den Erwartungen zurückgeblieben.

---

*) E. T. Z. 1897, S. 538.

**) Während des Drucks des vorliegenden Buches hat Dr. Behn-Eschenburg eine Mitteilung darüber veröffentlicht, dass die Maschinenfabrik Örlikon auf diesem Wege einen nennenswerten Fortschritt erzielt habe. Auf den sehr beachtenswerten Aufsatz kann daher hier leider nur noch hingewiesen werden. E. T. Z. 1902, S. 1055.

***) E. T. Z. 1896. S. 517.

176. Den Schwierigkeiten bei der Anordnung für Drehzahlregulierung zu bauender Motoren sucht Wüst*) dadurch aus dem Wege zu gehen, dass er zwei oder drei Motoren verschiedener Polzahl auf eine Welle setzt und nach Bedarf einzelne Motoren arbeiten lässt oder auch mehrere Motoren gleichzeitig einschaltet. In letzterem Falle wird sich angenähert die Umdrehungszahl des Motors mit der grössten Polzahl einstellen, weil eine Steigerung über diese hinaus den Motor zum übersynchron laufenden Generator machen würde. (vgl. **146**) Der oder die anderen Motoren sind unter diesen Umständen gezwungen, sehr stark zu schlüpfen. Um das Verhalten des Systems bei verschiedenen Schaltungen und verschiedenen Belastungen im Voraus angeben zu können, hat man sich demnach die Betriebskurven der Einzelmotoren als Funktion der Schlüpfung nach den früher angegebenen Methoden zu berechnen, über den Umdrehungszahlen die Drehmomente aufzutragen und diese zu addieren. Hiernach ist es dann leicht, die Leistungen zu bestimmen und auch jede weitere auf das gekuppelte System bezügliche Betriebszahl von Interesse zu ermitteln.**)

177. Es ist natürlich möglich, die Anordnung von Wüst mit der von Danielson (siehe **173**) zu kombinieren.

*) Wüst & Co., Seebach bei Zürich.

**) Messungsresultate, aufgenommen von Prof. Weber, Zürich, und Dr. Deuzler finden sich in der Zeitschr. f. El. 1901 und in der „Schweizer. Bauzeitung" Bd. XXXVIII No. 9.

Kapitel X.

Zweiphasenmotoren.

178. Zweiphasenmotoren können in derselben Weise berechnet werden, wie Drehstrommotoren; die Konstanten in den einzelnen Formeln müssen natürlich sinngemäss umgestaltet werden.*)

179. Zweiphasenmotoren sind an sich nicht besser und nicht schlechter als Drehstrommotoren; Zweiphasenanlagen werden aber infolge der ungünstigen Ausnützung der Leitungen stets teurer als Drehstromanlagen. Aus diesem Grunde sollte man nach Möglichkeit Drehstrom bevorzugen.

180. In denjenigen Anlagen, die nach dem sogenannten verketteten Zweiphasensystem gebaut sind, d. h. ein Leitungssystem mit nur drei Drähten besitzen, entstehen bei gleichzeitiger Licht- und Kraftversorgung Unsymmetrien schlimmster Art, hervorgerufen durch die eigenartigen Ankerrückwirkungen im Generator; man hat deshalb beim Entwerfen von Motoren für solche Anlagen auf reichliche Eisenabmessungen zu sehen, weil der Magnetismus im Motor zeitweilig durch Spannungserhöhungen in einer Phase um 30—60% gesteigert wird.

*) Ein näheres Eingehen auf die Sache darf mit Rücksicht darauf, dass in Deutschland mit verschwindenden Ausnahmen Drehstrom angewandt wird, bei dem begrenzten Umfange dieses Buches unterbleiben.

Kapitel XI.

Der Wechselstrom-Motor.

187. Bevor auf die Behandlung des (Einphasen-) Wechselstrommotors eingegangen werden kann, muss hervorgehoben werden, dass diese Art von Induktionsmotoren im Vergleich mit den Mehrphasenmotoren als minder gut zu bezeichnen ist.*) Um das deutlich zu zeigen, sind in Fig. 85 die Betriebskurven eines Motors dargestellt, der bei gleichen äusseren Abmessungen und gleichem Gewicht einmal als Wechselstrommotor und einmal als Drehstrommotor geprüft wurde, wobei Wert darauf gelegt worden ist, dass für beide Fälle die günstigsten Verhältnisse vorhanden waren. Die Kurven zeigen, dass die Leistung des Wechselstrommotors hinter der des Drehstrommotors erheblich zurückbleibt (worauf auch schon in der Einleitung hingewiesen worden ist). Sie zeigen weiter, dass weder der Wirkungsgrad noch der Leistungsfaktor beim Wechselstrommotor unter normalen Verhältnissen auf so gute Werte zu bringen ist, wie beim Drehstrommotor, und dass die Maximalwerte dieser Grössen im Allgemeinen erst bei einer Belastung eintreten, die der Abfallgrenze näher liegt, als bei jenem. Diese Mängel, zu denen der weitere schwer wiegende Nachteil, dass eine Regulierung der Umdrehungszahl praktisch ausgeschlossen ist, hinzukommt, werden auch dann bestehen bleiben, wenn es gelingt, wirklich befriedigende Anlauf- und Umsteuerungsvorrichtungen für Wechselstrommotoren zu bauen, die bisher fehlen.

*) Es scheint, dass es erforderlich ist, dass auf diese Thatsachen immer wieder hingewiesen wird, da man, selbst in jüngster Zeit noch, den Fehler gemacht hat, Zentralen mit einphasigem Wechselstrom in Städten mit starkem Kraftkonsum zu bauen. Nachdem dies geschehen ist, ist es freilich notwendig, entsprechende Motoren zu beschaffen, so gut oder schlecht es eben geht.

Der Wechselstrominduktionsmotor entsteht aus dem Drehstrommotor, wenn man bei diesem eine der drei Stromleitungen unterbricht.

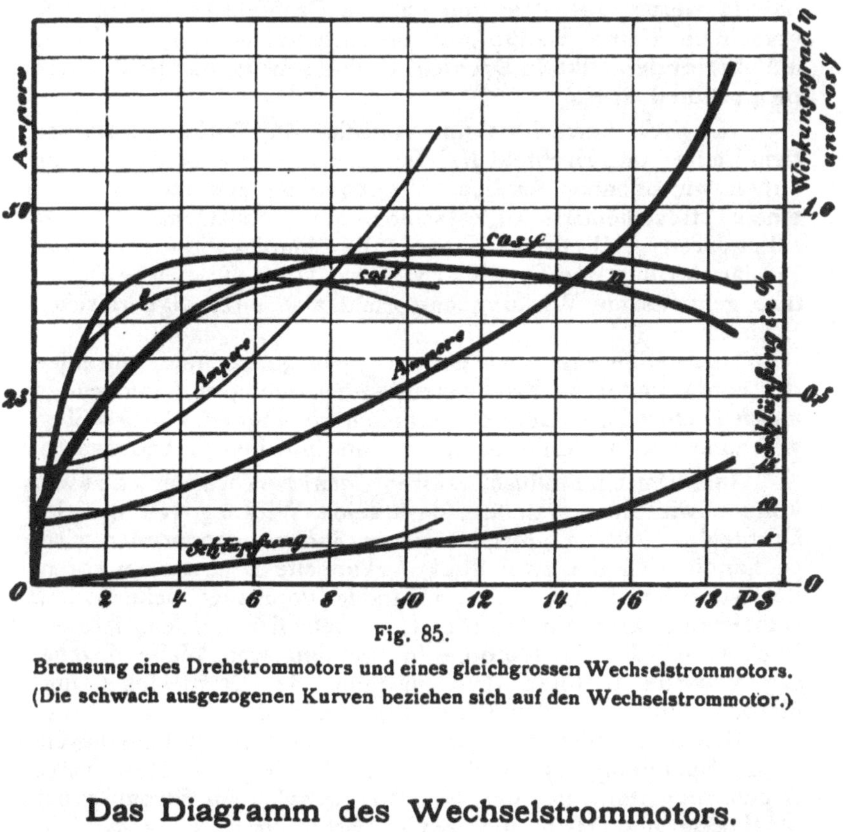

Fig. 85.

Bremsung eines Drehstrommotors und eines gleichgrossen Wechselstrommotors. (Die schwach ausgezogenen Kurven beziehen sich auf den Wechselstrommotor.)

Das Diagramm des Wechselstrommotors.

182. Das Transformatorendiagramm, das sehr wesentlich zum guten Verständnis der Erscheinungen am Drehstrommotor beigetragen hat, kann auch bei der Behandlung des Wechselstrommotors gute Dienste leisten. Wenn man, nach dem Vorgange von Ferraris, Blondel u. A. ein schwingendes magnetisches Stehfeld sich entstanden denkt, aus dem gleichzeitigen Auftreten zweier Drehfelder von entgegengesetztem Drehungssinn und gleichem Puls, aber nur halber Amplitude des resultierenden Feldes,*) so ergiebt sich leicht das Folgende:

183. Ein zweipoliger Läufer, der sich in einem schwingenden Feld vom Puls u_1 mit einer Geschwindigkeit u_2 dreht, hat in Bezug auf das eine fiktive Drehfeld I eine im Allgemeinen kleine Schlüpfung proportional $u_1 - u_2$, in Bezug auf das andere fiktive Drehfeld II eine sehr grosse Schlüpfung proportional $u_1 + u_2$.

184. Wir betrachten nun zunächst die Wirkung zwischen dem Läufer und Drehfeld II. Bei der sehr grossen Schlüpfung haben wir offenbar ähnliche Vorgänge zu erwarten, wie bei einem stillstehenden kurzgeschlossenen Drehstrommotor; im sekundären Teil fliesst Strom, die Ampèrewindungen von Primärwicklung und Sekundärwicklung fallen in gleiche Phase, ihre gemeinsame Wirkung entspricht also ihrer algebraischen Differenz.

Diese Differenz muss gerade gross genug sein, um einen der von Motor II zu balanzierenden Spannung entsprechenden magnetischen Fluss aufrecht erhalten zu können. Dies wollen wir zunächst im Auge behalten und nur Feld I beobachten.

185. Um den Einfluss des Drehfeldes I hervortreten zu lassen, können wir uns vorstellen, dass seine Wirkung von der des Drehfeldes II völlig getrennt werde, indem angenommen wird, es handle sich um zwei direkt gekuppelte Drehstrommotoren, deren Feldwicklungen hintereinander geschaltet sein sollen. Dabei muss aber die Anordnung so getroffen werden, dass ein Beobachter, der die Motoren in Richtung der Welle ansähe, sagen würde, Motor I läuft im Sinne des Drehfeldes I und Motor II läuft rückwärts, d. h. gegen das Drehfeld II.

Bei einer solchen Anordnung würde Motor I beinahe die ganze Spannung verbrauchen, denn die Gegen-E. M. K. eines Drehstrommotors ist bei konstant gehaltenem Strom gross für kleine und klein für grosse Schlüpfung; es entspricht

*) Diese Darstellungsweise hat bei ihrer Anwendung auf den Wechselstrominduktionsmotor den Nachteil, dass sie auf indirektem Wege, die eigentlichen Vorgänge durch angenommene überdeckend, die Lösung der Probleme sucht und erscheint daher Manchem unbefriedigend; es ist nicht unwahrscheinlich, dass sie gelegentlich durch einfachere und dabei strengere Methoden ersetzt werden wird. Gegenwärtig dürfte sie für eine anschauliche Erklärung noch die beste Unterlage bieten, zumal sie den Vergleich mit dem Mehrphasenmotor sehr erleichtert. Aus diesem Grunde wurde sie beibehalten.

diese Überlegung der Vorstellung, dass Motor II im Kurzschluss stehe.

186. Wenn aber Motor II wie ein im Kurzschluss fest gebremster Motor wirkt (vgl. hierzu auch **29**), so ist die von ihm erzeugte Gegen-E. M. K. einfach eine Drosselspannung, d. h. der Motor wirkt als induktiver Widerstand (Drosselspule), er verbraucht etwas Spannung, nimmt auch im Primär- und Sekundärsystem Strom auf, hat aber keine Leistung. Damit eröffnet sich ein sehr einfacher Weg zur Berücksichtigung des Motors II in der Rechnung und im Diagramm: man behandelt seine Wirkung einfach als eine Vermehrung des Streufaktors von Motor I, oder was gleichbedeutend ist, als eine Vermehrung des Leerlaufstromes.

187. Die Zulässigkeit dieser Auffassung wird durch folgenden Versuch bestätigt. Es wurden zwei 5 PS.-Drehstrommotoren für 1500 U. direkt gekuppelt und in der angegebenen Weise hintereinandergeschaltet. Bei 110 Volt Netzspannung wurde beobachtet:

Spannung am Motor I 110 Volt
" " " II unmessbar klein
Stromstärke für Leerlauf 11 Amp.

Sobald die Motoren auf gleichen Drehsinn geschaltet wurden, ergab sich

Spannung am Motor I 55 Volt
" " " II 55 "
Stromstärke bei Leerlauf ca. 5 Amp.

Im zweiten Fall arbeitete das System als gewöhnlicher Drehstrommotor, im ersten Falle als Wechselstrommotor. Die Leerlauf-Stromstärke des Wechselstrommotors war also nahezu die Doppelte als die des Drehstrommotors. Dies ist erklärlich, da im Falle des wechselstrommotorartigen Betriebes Motor I allein die volle Spannung aufzunehmen hatte, während die Drähte von Motor II bei der Bildung der Gegen-E. M. K. fast wirkungslos blieben.

188. Wenn wir nun für einen Augenblick unsere fiktive Anordnung aufgeben und Motor I und II wieder zu einem einzigen Wechselstrommotor kombinieren, so erkennen wir, dass im Läufer des Wechselstrommotors auch bei Leerlauf messbare Ströme auftreten, und (vgl. **191**) der Magnetisierungsstrom fast verdoppelt ist; mit anderen Worten, dass der Einphasenmotor bei Leerlauf einen Strom verbraucht, der ungefähr doppelt so gross ist, als der eines entsprechenden Drehstrommotors. Leerlaufstrom und Magnetisierungsstrom sind auch nicht mehr, wie beim Drehstrommotor, angenähert gleich und daher von einander zu unterscheiden.

189. Das genaue Verhältnis zwischen Magnetisirungs- und Leerlaufstrom hängt von dem Streufaktor ab und kann in folgender Weise berechnet werden. Jeder der fiktiven Motoren I und II erhält den halben Leerlaufstrom — wir waren davon ausgegangen, dass die magnetomotorische Kraft für jedes Drehfeld die halbe Amplitude von der des Wechselfeldes habe, müssen also pro Motor entweder halbe Drahtzahl oder halbe Stromstärke in die Rechnung einsetzen —; für Motor I ist dieser Leerlaufstrom $\frac{J_o}{2}$ nahezu gleich dem Magnetisierungsstrom. Die Spannung, welche nötig ist, um diesen Strom durch die Primärwicklung des Motors I zu treiben, ist dem Leerlaufstrom $\frac{J_o}{2}$ proportional. Im Motor II ist auch die Stromstärke $\frac{J_o}{2}$ vorhanden — eine andere Stromstärke kann nicht da sein, da ja beide Motoren hintereinander geschaltet sind —, der Strom $\frac{J_o}{2}$ stellt aber hier einen Kurzschluss-Strom dar, weil die Schlüpfung sehr gross ist. Es ist nach 9

$$\sigma = \frac{\text{Magnetisierungsstrom}}{\text{Kurzschlussstrom — Magnetisierungsstrom}}$$

in unserem Falle also $\sigma = \dfrac{J_\mu''}{\dfrac{J_o}{2} - J_\mu''}$

(wobei J_μ'' den Magnetisierungsstrom bedeutet, den Motor II bei dem auf ihn entfallenden Anteil an Spannung beansprucht)

woraus $$J_\mu'' = \frac{J_o}{2}\,\frac{\sigma}{1+\sigma}$$

190. Es könnte hier bei flüchtiger Betrachtung der Einwand gemacht werden, dass urprünglich zwei gleichgrosse entgegengesetzt laufende Drehfelder angenommen wurden, dass weiter aber zu gleichen Feldern auch gleiche Magnetisierungsströme gehörten, also J_μ'' nicht kleiner als $\frac{J_o}{2}$ d. i. gleich dem Magnetisierungsstrom von Motor I sein könne. In der That läge dann ein Widerspruch vor. Die Erklärung aber ergiebt sich aus der Thatsache, dass obige Annahme nur für den Stillstand des Motors gelten sollte. — Ist der Motor bis zu einer gewissen Geschwindigkeit gekommen, bei der $u_1 + u_2$ gegenüber $u_1 - u_2$ sehr gross geworden ist, so hört der schwingende magnetische Fluss als solcher zu existieren auf, wenn auch die primären M.M.K.K. bestehen bleiben; die Wirkung der einen Componente der M. M. K. — entsprechend Feld II — wird bis auf den kleinen Rest J_μ'' durch die Gegenwindungen des Ankers aufgehoben; es bleibt nunmehr nur der umlaufende Fluss, entsprechend Drehfeld I, übrig. In diesem Vorgang liegt auch die Erklärung dafür, dass ein einmal in Bewegung gesetzter Wechselstrommotor weiter läuft, während bei Stillstand das Drehmoment Null ist (vgl. Einleitung).

191. Der Anteil des Magnetisierungsstroms J_m des aus den zwei fiktiven Drehstrommotoren nun wieder zu kombinierenden Wechselstrommotors am Leerlaufstrom ergiebt sich danach aus folgender Rechnung; es ist der Magnetisierungsstrom jetzt offenbar gleich der Summe der Magnetisierungsströme der beiden Einzelmotoren

$$J_m = \frac{J_o}{2} + J_\mu''$$

$$= \frac{J_o}{2} + \frac{J_o}{2} \frac{\sigma}{1+\sigma}$$

$$= \frac{J_o + J_o \sigma + J_o \sigma}{2(1+\sigma)}$$

$$\frac{J_m}{J_o} = \frac{(1+2\sigma)}{(2+2\sigma)} \qquad (17)$$

Für den streuungslosen Motor ($\sigma = o$) würde man haben

$$J_m = \frac{J_o}{2},$$

bei $\sigma = 0{,}05$ ergiebt sich

$$\frac{J_m}{J_o} = 0{,}525.$$

192. Wenn der Motor belastet wird, so steigt die Stromstärke; für den Fall, dass wir vorerst bei der Trennung in zwei Motoren bleiben, gilt für Motor II dann nach wie vor, dass er sich verhält, als stünde er im Kurzschluss.

Es ist jetzt, ähnlich wie vorher,

$$\frac{J_I}{J} = \frac{1 + 2\,\sigma}{2 + 2\,\sigma}$$

in Worten, der Strom, welchen Motor I allein verbrauchen würde, wird durch den Einfluss von Motor II vermehrt im Verhältnis von

$$\frac{2 + 2\,\sigma}{1 + 2\,\sigma}$$

193. Die drosselnde Wirkung von Motor II, die bei Belastung ja proportional der Stromstärke steigen muss, wird bei den praktisch vorkommenden Schlüpfungen in sehr mässigen Grenzen bleiben, so dass ihr Einfluss vom Konstrukteur nur im äussersten Falle genau bestimmt zu werden braucht.

194. Praktisch ergeben sich demnach folgende Verhältnisse:

a) Motor I arbeitet wie ein normaler Drehstrommotor; die auf ihn entfallenden Anteile am Leerlaufsstrom und Kurzschlussstrom sind gleich den entsprechenden halben Stromstärken für den Wechselstrommotor.

b) Motor II trägt zur mechanischen Leistung nichts bei; er erhält die gleiche Gesamt-Stromstärke wie Motor I, lässt diese aber nahezu wattlos passieren.

195. Hiernach ergiebt sich für den Wechselstrommotor folgendes Diagramm (Figur 86).

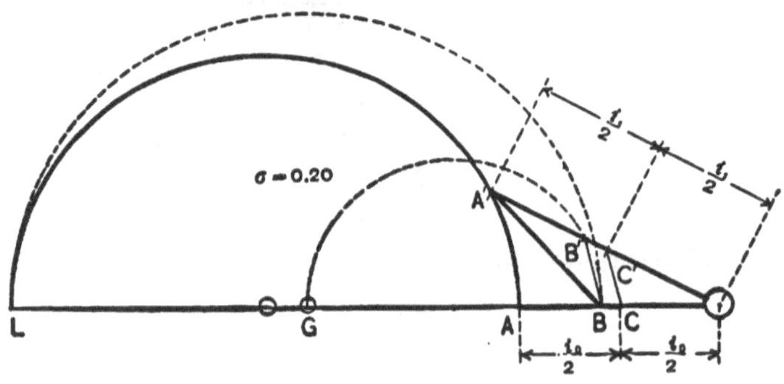

Fig. 86.

196. Die Strecke OA entspricht dem Leerlaufstrom, OB dem Magnetisierungsstrom. Wäre Motor II nicht vorhanden, so würde der Kurzschlusstrom OG sein, seine Anwesenheit bedingt aber eine Erhöhung. Es wird

$$\frac{J_o}{J_m} = \frac{O\,L}{O\,G}$$

und OL ist der wirkliche Kurzschlusstrom.

197. Für irgend eine Belastung findet man Punkt B^1 und für den (fiktiven) Motor I den Sekundärstrom BB^1. Zu diesem BB^1 würde ein Primärstrom $J_1 = OB^1$ gehören und aus diesem wäre der im kombinierten Motor wirklich auftretende Primärstrom

$$J = J_1 \frac{2 + 2\,\sigma}{1 + 2\,\sigma}$$

zu ermitteln. Man findet, dass $J = OA^1$ wird. Eine einfache geometrische Ueberlegung zeigt dann weiter, dass A^1 auf dem Kreise über LA liegen muss.

198. Der Betrag, um den J_1 vergrössert wurde, ist zugleich ein Mass für die Grösse des Sekundärstromes in Motor II. Um also den Sekundärstrom im kombiniertem Motor zu finden, hat man die geometrische Summe von A^1B^1 und B^1B zu bilden und erhält A^1B. Diese Stromstärke ist bei Berechnung des Stromwärmeverlustes zu Grunde zu legen.

199. Die Strecke BB^1 giebt ein ungefähres Mass der Schlüpfung: es zeigt sich daher, dass bei gleicher Schlüpfung die Verluste im Kupfer — gleiche Drahtquerschnitte vorausgesetzt — beim Wechselstrommotor wesentlich grösser ausfallen, als beim Drehstrommotor. Demgemäss ist es beim Wechselstrommotor besonders wichtig, den sekundären Widerstand niedrig zu halten (vgl. **203**).

200. Die Zugkraft kann man für praktische Zwecke entweder direkt aus der obigen Anschauungsweise ableiten, wobei man der Thatsache Rechnung trägt, dass Motor II mit zunehmender Belastung seine Drosselwirkung erhöht, oder man kann ein anderes Näherungsverfahren anwenden *). Die

---

*) Eine genaue Berechnung ist nur auf Grund eingehender mathematischer Behandlung möglich. Siehe hierüber: Görges, E.T.Z. 95, S. 750 ff. u. A.

Leistung des Wechselstrommotors ist — entsprechend der Ermittlung der Leistung des Drehstrommotors in **26**

$$A_2 = E_1 J_1 \cos\varphi - J_1^2 w_1 - 3 J_2^2 w_2 - F - Q \qquad (19)$$

wobei angenommen ist, dass der Widerstand der primären Wicklung w_1 ist, dass der Läufer als sekundärer Teil in Dreiphasenwicklung ausgeführt sei und pro Phase den Widerstand w_2 habe und dass F und Q die Verluste durch Reibung und Ummagnetisierung bedeuten. Letztere sollen zunächst vernachlässigt werden. Weiter soll bei der Geschwindigkeit ω_2*) die Periodenzahl auf dem Läufer n_2 sein. Dann könnte gesetzt werden

$$61{,}6\, D_{(mkg)} = \frac{p}{n_2} A_2$$

worin D das Drehmoment und p die Zahl der Polpaare bedeuten.

n_2 kann weiter so bestimmt werden: Der fiktive Drehstrommotor I würde geben

$$9{,}81\, D_I (\omega_1 - \omega_2) = \frac{3 J_2^2 w_2}{2} \qquad (a)$$

der fiktive Drehstrommotor II

$$9{,}81\, D_{II} (\omega_1 + \omega_2) = \frac{3 J_2^2 w_2}{2} \qquad (b)$$

wobei ω_1 die Winkel-Geschwindigkeit des betreffenden Drehfeldes, ω_2 die des Läufers darstellt.

201. Diese Gleichungen sind nur angenähert richtig und für ganz kleine Schlüpfungen nicht anwendbar; sie setzen Gleichheit der Sekundärströme — also der Strecken A^1B^1 und B^1B im Diagramm — voraus, diese tritt allerdings bei zunehmender Schlüpfung beinahe genau ein.

Subtrahiert man b von a, so erhält man nach einer einfachen Umstellung

$$D_I + D_{II} = \frac{\omega_1}{\omega_2} (D_I - D_{II}).$$

addiert man andererseits, so findet man

$$3 J_2^2 w_2 = 9{,}81\, \omega_1 (D_I + D_{II}) + 9{,}81\, \omega_2 (D_{II} - D_I)$$

---

*) Das amerikanische Original macht diese Annahme ohne Weiteres

oder $3\,J_2^2\,w_2 = 9{,}81\,\omega_1\,(D_I + D_{II}) - 9{,}81\,\omega_2\,(D_I - D_{II})$.

Durch Substitution ergiebt sich dann

$$3\,J_2^2\,w_2 = 9{,}81\,\omega_1\,\frac{\omega_1}{\omega_2}\,(D_I - D_{II}) - 9{,}81\,\omega_2\,(D_I - D_{II})$$

oder
$$3\,J_2^2\,w_2 = 9{,}81\,\omega_2\,(D_I - D_{II})\left[\left(\frac{\omega_1^2}{\omega_2}\right) - 1\right]$$

Nun ist $9{,}81\,\omega_2\,(D_I - D_{II}) = A_2$, wenn die oben angegebenen Voraussetzungen gemacht werden. Folglich wird

$$3\,J_2^2\,w_2 = A_2\left[\left(\frac{\omega_1}{\omega_2}\right)^2 - 1\right]$$

was gleichbedeutend ist mit

$$3\,J_2^2\,w_2 = A_2\left[\left(\frac{n_1}{n_2}\right)^2 - 1\right]$$

202. Um dies Resultat besser zu veranschaulichen, bilden wir ein Zahlenbeispiel. Es sei

$$n_2 = 50 \qquad n_2 = 45$$

also
$$3\,J_2^2\,w_2 = A_2\left[\left(\frac{50}{45}\right)^2 - 1\right]$$
$$= 0{,}23\,A_2.$$

In Worten: Bei 10% Schlüpfung beträgt der Verlust im sekundären Teil 23% der mechanischen Leistung.

203. Dies Beispiel zeigt unter Anderem, dass eine Erhöhung der Schlüpfung durch Einschalten von Widerständen als Geschwindigkeitsregulierung praktisch unbrauchbar ist, weil mit zunehmender Schlüpfung die Leistung schneller als die Umdrehungszahl abnimmt, das Drehmoment sich also verkleinert.

204. Es ist lehrreich, den Einfluss der Schlüpfung auf den Wirkungsgrad beim Wechselstrommotor mit dem der Schlüpfung beim Drehstrommotor zu vergleichen; dort hiess es in **27**, Gleichung 7

$$\frac{n_1 - n_2}{n_1} = \frac{3\,J_2^2\,w_2}{A_2 + 3\,J_2^2\,w_2}$$

d. i. der Ankerverlust war der Schlüpfung direct proportional und das Drehmoment war vom Ankerwiderstand zunächst unabhängig. Für 10% Schlüpfung hätten wir also 10% Leistungserlust, d. i. weniger als die Hälfte wie oben.

Das Übersetzungsverhältnis.

205. Später wird noch gezeigt werden, dass es beim Wechselstrommotor nicht zweckmässig ist, den ganzen Umfang des primären Teils mit Wicklung zu bedecken, dass es vielmehr im Allgemeinen empfehlenswert sein wird, nur etwa $^2/_3$ davon zu bewickeln. Da man nun diese Wicklung als Einphasenwicklung ausführen muss, dem Läufer aber meist eine Dreiphasenwicklung*) giebt, so ist bei der Bestimmung des Übersetzungsverhältnisses einige Aufmerksamkeit nötig. Haben wir z. B. primär z hinter einander geschaltete Drähte und sekundär pro Phase z_2, so ist bei Sternschaltung der Phasen die Spannung zwischen zwei Schleifringen — von Streuung abgesehen — beim Gang des Motors

$$E_2 = \sqrt{3}\, E_{ph} = \sqrt{3}\, \frac{z_2}{z} E_1.$$

206. Sind andere Wicklungen vorhanden, so müssen entsprechende Überlegungen stattfinden; zu beachten ist auch namentlich, ob die Ausbreitung der Spulen längs der Peripherie beim primären und sekundären Teil nicht verschieden ist, weil hierdurch erhebliche Abweichungen des Übersetzungsverhältnisses vom Verhältnis der Drahtzahlen hervorgerufen werden können; natürlich ist beim stillstehenden Wechselstrommotor auch die Ankerstellung von Bedeutung.

Bestätigung durch Versuche.

207. Die folgenden Versuchsdaten beziehen sich auf einen Motor für 10 PS. bei 110 Volt, Puls = 50 und ca. 1500 Umdrehungen. $Z_1 = 120$. $Z_2 = 312$; $\omega_1 = 0{,}015$ Ohm; $\omega_2 = 0{,}08$ Ohm pro Phase.

---

*) Vgl. S. 3.

Versuche an einem 10 PS. Motor.

Drehzahl	Puls	Schlüpfung in %	Stromstärke im Feld	Stromstärke im Läufer	Verbrauch in Watt	Leistung in Watt	Wirkungsgrad	Leistungs-Faktor
0	51,5	100	29	0	900	0	0	0,283
1553	51,5	—	51,5	—	1 700	0	0	0,30
1579	52,8	—	54	—	2 250	700	0,31	0,379
1572	52,4	—	58	—	3 300	1 770	0,536	0,518
1554	52,4	—	90	—	8 100	6 300	0,778	0,82
1547	51,4		112	21	10 500	8 100	0,77	0,85
1525	51,5	1,30	138	29	13 500	10 600	0,785	0,89
1517	50,8	0,52	150	31	14 700	11 400	0,775	0,89
1483	50,2	1,80	169	35	16 500	13 000	0,778	0,888
1430	48,8	2,40	200	—	19 400	14 860	0,765	0,882
1460	49,9	2,66	245	55	23 500	16 830	0,716	0,873

Nach den Versuchsresultaten ist Fig. 87 gezeichnet.

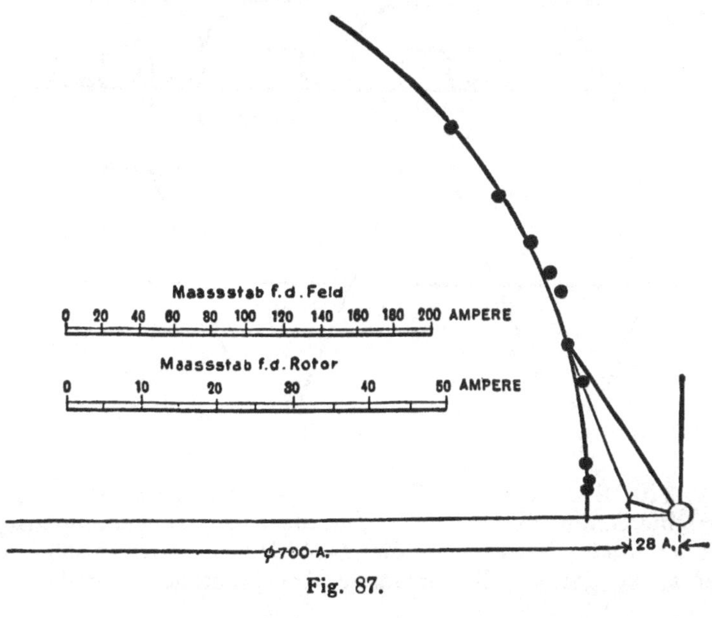

Fig. 87.

208. Die Stromwärme in der Läuferwicklung ist bei der grössten Leistung

$$3 \cdot 55^2 \cdot 0{,}08 = 720 \text{ Watt.}$$

Nach Formel 15 entspräche diesem Wert bei der grössten Belastung unserer Reihe von 16830 Watt eine Schlüpfung von 2,1%. Gemessen wurde 2,66%, aber die genaue Messung so kleiner Schlüpfungen ist nicht leicht, so dass es unentschieden bleiben muss, wieviel von dem Fehler der Rechnung und wieviel der Messung zuzuschreiben ist.

Berechnung des scheinbaren Widerstandes des Motors.

209. Das schwingende Feld erzeugt natürlich in der Primärwicklung eine Gegen-E. M. K.; bei der Berechnung dieser sind vor Allem zwei Fälle ins Auge zu fassen: im ersten Fall soll die Spule nur $^2/_3$ der Polfläche bedecken, im zweiten Falle soll sie über den ganzen Pol ausgebreitet sein.

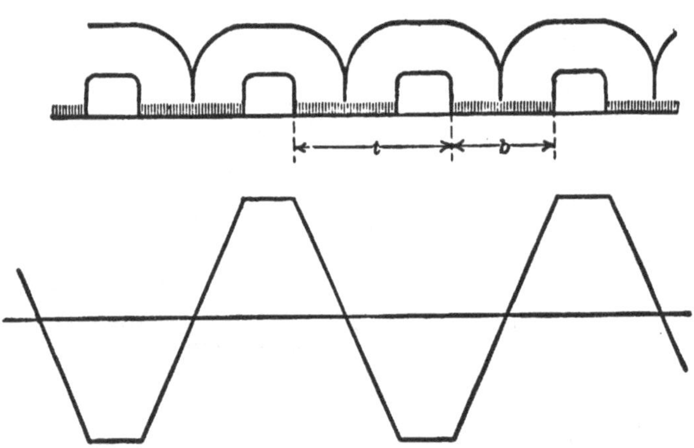

Fig. 88.

210. Erster Fall. Fig. 88 zeigt die Kraftlinienverteilung für eine Spule, deren Windungen über $^2/_3$ der Teilung ausgebreitet sind. Nennt man die Zahl der primären Drähte wie der z_1, so gilt für die maximale Kraftliniendichte in der Luft

$$B = \frac{z_1}{2p} \frac{J_\mu \sqrt{2}}{2 \cdot 0{,}8\, d} = \frac{\zeta . J_\mu \sqrt{2}}{2 \cdot 0{,}8\, d} \text{*)} \qquad (21)$$

J_μ bezeichnet den Effectivwert des Magnetisierungsstromes, d den Luftspalt (einfach gemessen).

211. Die Darstellung der Verteilung des Magnetismus lässt ohne Weiteres erkennen, dass wieder

$$M = \frac{2}{3} \tau \mathfrak{B}_{max} B$$

oder sehr angenähert $= \frac{2}{\pi} \tau \mathfrak{B}_{max} B \qquad (22)$

worin τ = Teilung, B = Maschinenbreite ist.

Die E.M.K. die dieser magnetische Fluss beim Drehstrommotor induzieren würde,**) wäre nach **19**

$$E_d = 2{,}15\, n_1 z_1 M_1 10^{-8}.$$

Bei einem Wechselstrommotor mit Wicklung nach obiger Art ist die Anordnung gerade so, als wären zwei Phasen eines Drehstrommotors hintereinander geschaltet, es wäre dann die Spannung $\sqrt{3}$ mal so gross, als oben angegeben. Nun bezeichnet hier aber z_1 nicht die Drähte einer Phase, sondern alle Drähte, d. i. nach Obigem die doppelte Zahl wie beim Drehstrommotor. Wir müssen daher schreiben

$$E_w = \frac{\sqrt{3}}{2} \cdot 2{,}15 \cdot n_1 \cdot z_1 \cdot M_1 \cdot 10^{-8}$$

$$= 1{,}86\, n_1 \cdot z_1 M_1 \cdot 10^{-8}. \qquad (23)$$

212. Zweiter Fall. Die Verteilung von Wicklung und Magnetismus ist in Figur 89 dargestellt.

Der magnetische Fluss berechnet sich entsprechend Formel 22

$$M = \frac{1}{2} \tau \mathfrak{B}_{max} M \qquad (24)$$

wie man sofort sieht. Bei gleicher maximaler Kraftliniendichte würde also M wesentlich kleiner sein als im ersten Fall. Die Anordnung ist daher entschieden ungünstiger.

---

*) Bei der üblichen Wicklungsart kommt auf jeden Pol eine „Spulenseite"; die Zahl der Drähte pro Pol ist daher gleichbedeutend mit der Zahl der Windungen pro Polpaar.

**) Das Zustandekommen der Gegen-E.M.K. übernimmt im Wesentlichen das fiktive Drehfeld I, da das andere ja „ausgeblasen" wird.

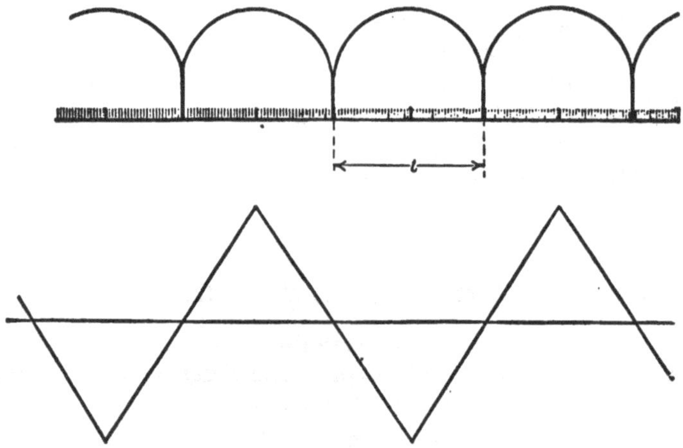

Figur 89.

Die E. M. K. ist jetzt während einer halben Periode konstant und ergiebt sich aus

$$E = \frac{2}{\sqrt{2}} n_1 z_1 M_1 10^{-8} \qquad (25)$$

$$= 1,42 \, n_1 z_1 M_1 10^{-8}.$$

213. Um also bei gleichem z_1 die Spannung zu halten, braucht man im zweiten Fall ein um

$$\frac{1,86}{1,42} = 1,27\text{-fach grösseres } M_1$$

also ein $1,27 \cdot \frac{^2/_3}{^1/_2} = 1,75$-fach grösseres $\mathfrak{B}_{max}$.

Kapitel XII.

Berechnung eines Wechselstrommotors.

214. Der in Kapitel V. Beispiel I beschriebene, in Fig. 90 noch einmal dargestellte Motor soll auch hier als Beispiel benutzt werden. Der Einfachheit halber wollen wir die früher bestimmte Drehstromwicklung beibehalten, einfach 2 Phasen hinter einander schalten, während die dritte Phase unbewickelt bleibt und untersuchen, bei welcher Spannung der Motor am besten bei Wechselstrom laufen wird.

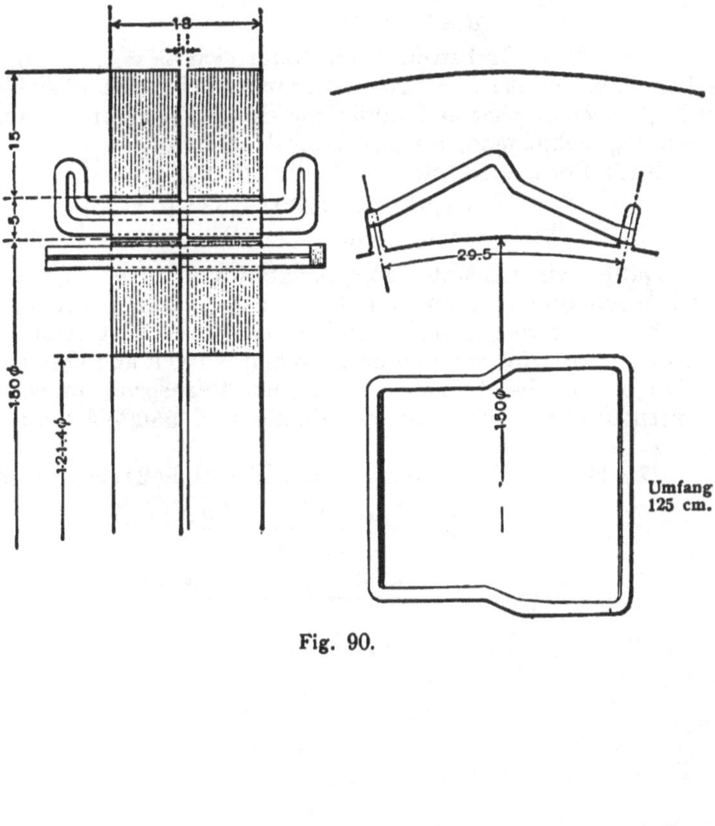

Fig. 90.

215. Dann ist gegeben $p = 8$ (16 Pole), $n_1 = 60$.

Feldwicklung. Zahl derNuten 192, davon 128 bewickelt. Pro Nut 10 Drähte, $\Phi = 5{,}8$ mm. blank $= 6{,}3$ mm. besp. $w_1 = 0{,}28$ Ohm (warm).

Ankerwicklung. Zahl der Nuten 240. Pro Nut 2 Stäbe. Sternschaltung (Dreiphasenwicklung). $W_2 = 0.016$ Ohm (pro Phase, warm).

E. M. K. Entsprechend Gleichung 22, Seite 153, haben wir

$$M = \frac{2}{3}\tau \mathfrak{B}_{max} B$$

$$B = 17 \text{ cm.} \quad \tau = 29{,}5 \text{ cm.}$$

$$\mathfrak{B}_{max} = 5600 \text{ (wie früher).}$$

Um den Einfluss der offenen Nuten Fig. 27, Seite 61 zu berücksichtigen, werden nur 85% der Polaustrittsfläche in Rechnung gezogen. Dann erhalten wir

$$M = 0{,}85 \cdot \frac{2}{3}\tau \mathfrak{B}_{max} B$$

$$M = 1{,}58 \cdot 10^6$$

216. Beim Drehstrommotor hatte sich $M = 1{,}42 \cdot 10^6$ ergeben, d. h. der Wechselstrommotor muss bei gleicher Wicklung und gleicher maximaler Kraftliniendichte 11% mehr Klemmenspannung bekommen, als der Drehstrommotor.

Nach Formel 23, Seite 153, finden wir jetzt

$$E = 1{,}86 \cdot 60 \cdot 1280 \cdot 1{,}58 \cdot 10^{-2}$$

$$= 2260 \text{ Volt.}$$

Hätten wir den Motor aber für 2000 Volt zu bauen, wie den Drehstrommotor in 64, so müssten wir z_1 um 11% verringern.

217. Eisenverluste. Der Verlust durch Hysteresis und Wirbelströme wird aus den empirischen Kurven abgelesen; wir finden entsprechend den magnetischen Beanspruchungen und Gewichten 1150 Watt für die Zähne und 580 Watt für den Kranz.

218. Magnetisierungsstrom. Aus Gleichung 21, S. 153, folgt

$$J_\mu = \frac{\mathfrak{B}_{max} \cdot 0{,}8 \cdot d \cdot 2p}{z_1 \sqrt{2}}$$

$$= \frac{5600 \cdot 0{,}8 \cdot 2 \cdot 0{,}15 \cdot 2 \,.\, 8}{1280 \sqrt{2}}$$

$$= 12 \text{ Ampère.}$$

219. Der Streufaktor war beim Drehstrommotor zu 0,061 gefunden worden; es möge in erster Annäherung angenommen werden, dass man diesen Wert auch im vorliegenden Falle beibehalten könne.

Der Leerlaufstrom ergiebt sich dann aus Gleichung (13)

$$J_o = J_m \frac{2 + 2\,\sigma}{1 + 2\,\sigma} = \frac{2 + 0{,}122}{1 + 0{,}122}$$

$$= \frac{12}{0{,}576} = 20{,}8 \text{ Amp.}$$

Der Verlust durch Luft- und Lagerreibung ist 2150 Watt.

220. Jetzt kann das Kreisdiagramm gezeichnet werden. Es ist in Fig. 91 ausgeführt, und zwar so, dass die Ordinaten

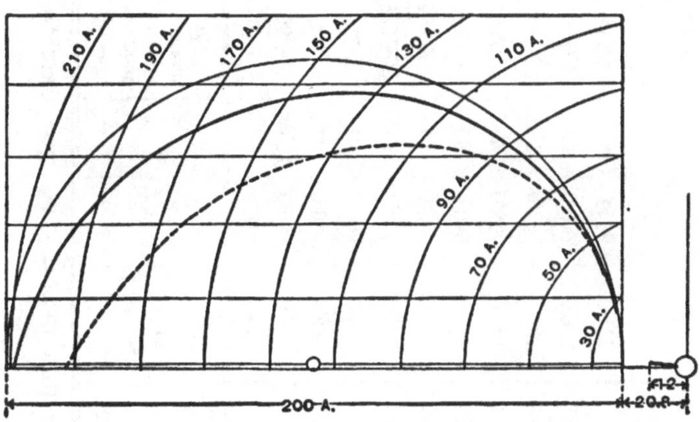

Fig. 91.

der ausgezogenen Kurve die Leistung des Motors bei Anwendung eines Phasenankers von sehr kleinem Widerstande (wie in 82 angegeben) und die der gestrichelten Kurve die Leistung bei Benutzung eines Käfigankers von (6-fachem) Widerstande angeben.

221. Aus dem Diagramm sind die folgenden Tabellen abgelesen.

Werte für den 180 PS. Einphasenmotor, 2250 Volt, 60 Perioden und 450 Umdrehungen p. M.

Stromstärke im		Verlust in Watt im		Verbrauch in Watt	Leistung in Watt	Drehmoment in synchronen Watt	Schlüpfung in p. p. s.	Wirkungsgrad η	Leistungs-Faktor $\cos \varphi$	Verlust im Kurzschluss-Anker in Watt	Leistung in Watt	Schlüpfung in p. p. s.	Drehmoment in synchronen Watt	Wirkungsgrad
Lauf	Läufer	Lauf	Läufer											
30	66,6	500	212	43,900	39,888	—	—	0,91	0,65	1,270	38,830	59,1	39,500	0,885
50	135	1,400	874	91,000	85,426	85,800	59,73	0,938	0,81	5,250	81,050	58	84,000	0,89
70	195	2,740	1,820	129,000	121,140	—	—	0,94	0,82	10,900	112,060	57,3	117,500	0,87
90	256	4,530	3,150	163,000	152,020	—	—	0,933	0,805	18,900	136,270	56.3	145,000	0,837
110	316	6,800	4,800	190,000	175,100	177,500	59,2	0,922	0,768	28,800	151,100	55	165,000	0,795
130	375	9,500	6,750	209,000	189,450	193,000	59	0,907	0,715	40,500	155,700	53,5	175,000	0,745
150	436	12,600	9,100	217,000	192,000	197,000	58,6	0,855	0,645	54,600	146,500	51,3	171,000	0,675
170	495	16,200	11,700	209,000	177,800	183,000	58,2	0,85	0,547	70,200	123,800	48	155,000	0,592
190	583	20,900	14,700	173,000	134,800	141,500	57,4	0,78	0,405	88,200	16,300	38,4	96,000	0,355
200	583	22,400	16,300	137,000	95,000	103,000	55,4	0,604	0,305	97,800	13,500	20,9	38,000	0,0985
208	608	24,200	17,700	83,000	37,000	45,000	49,5	0,455	0,177	—	—	20,9	—	—

222. Die Schlüpfung, die in der Tabelle durch den sekundären Puls angegeben ist, wird nach Gleichung 20 berechnet, wie schon in **202** an einem Beispiel erörtert wurde.

223. Das Drehmoment in synchronen Watt erhält man dann endlich durch Multiplikation der Leistung in Watt mit $\frac{n_1}{n_2}$.

224. In Fig. 92a ist der primäre Strom und die Leistung über dem Verbrauch aufgetragen. Die ausgezogenen Kurven gelten wieder für den kurzgeschlossenen Phasenanker, die punktierten für den Käfiganker.

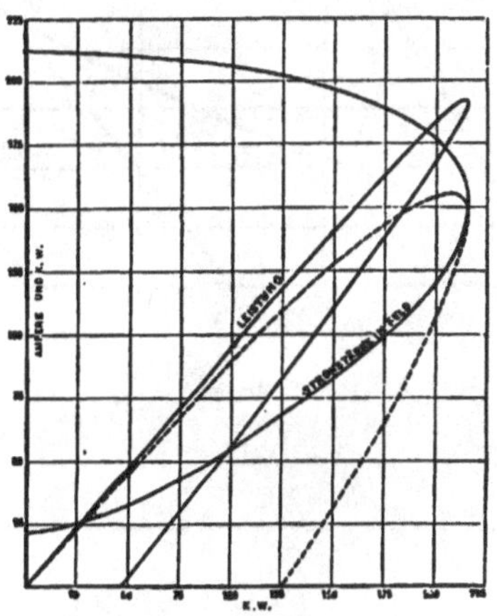

Fig. 92a.

225. Leistungsfaktor und Wirkungsgrad über dem Verbrauch zeigt in entsprechender Weise Fig. 92. Der Leistungsfaktor erscheint natürlich für beide Fälle in dieser Darstellungsweise gleich. — Die zusätzlichen Verluste sind bei der Berechnung des Wirkungsgrades vernachlässigt.

226. Das letzte Kurvenblatt Fig. 93 zeigt endlich Leistung und Drehmoment als Funktion der Schlüpfung (gemessen durch den sekundären Puls) oder mit anderen Worten als Funktion der Umdrehungszahl des Läufers. Man sieht, dass sich für den Phasenanker ein sehr geringes Drehmoment für geringeres n_2 als 50 ergiebt, dass der Anlauf des Motors ohne Anlasswiderstand also sehr ungünstig sein würde. Der

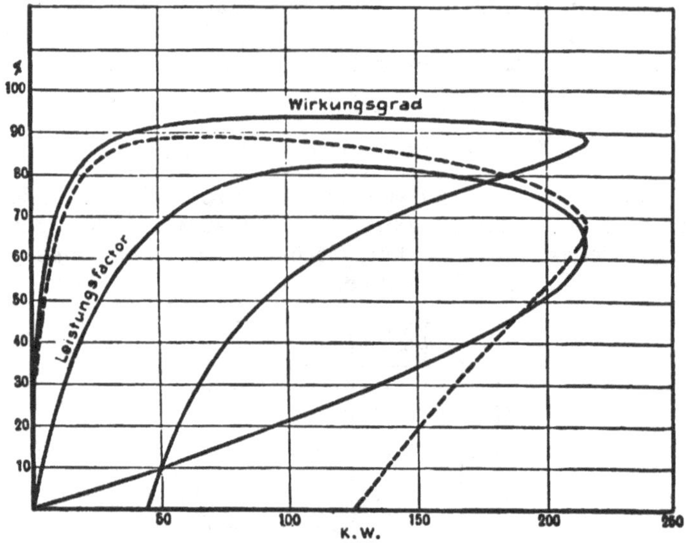
%
100
90
80
70
60
50
40
30
20
10
Wirkungsgrad
Leistungsfactor
50
100
150
200
250
K.W.

Fig. 92.

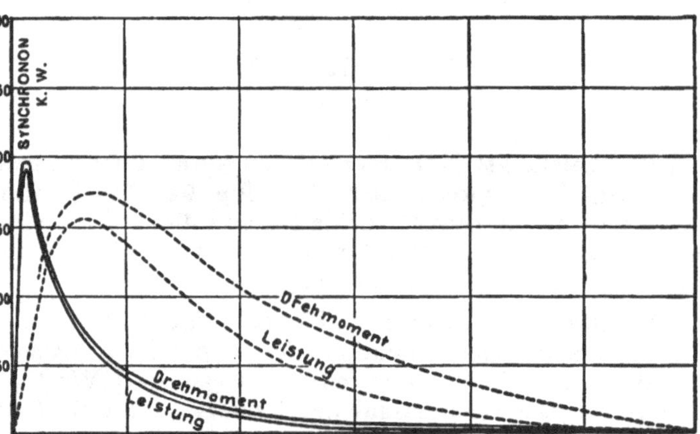
300
250
200
150
100
50
SYNCHRONON
K.W.
Drehmoment
Leistung
Drehmoment
Leistung
60
50
40
30
20
10
0

Fig. 93.

Käfiganker ist in der Beziehung etwas günstiger ausgefallen, hat aber bereits geringeres Maximaldrehmoment. (Vgl. **199** und **203**). Die Wirkung des Anlassers im sekundären Teil auf die Anlaufbedingungen beruht hier wie beim Drehstrommotor darauf, dass sich die Ordinate des grössten Drehmomentes mit zunehmendem sekundären Widerstand nach dem Punkte des Anlaufs hin verschiebt; beim Drehstrommotor geschieht das zunächst ohne Beeinträchtigung des absoluten Werts des grössten Drehmomentes. Beim Wechselstrommotor tritt eine Abnahme der Höchstzugkraft ein; die Bemessung des Anlassers erfordert daher besonders sorgfältige Überlegung.

227. Für den Entwurf des Drehstrommotors war die Bedingung gestellt, dass beim Anlauf eine Zugkraft entwickelt werden sollte, die noch einmal so gross wäre, als die bei normaler Bremsbelastung erforderliche. Da so ziemlich alle bisher für Wechselstrommotoren angegebenen Anlaufvorrichtungen eine solche Forderung in ganz zufriedenstellender Weise nicht zu erfüllen gestatten, so muss hier von der Annahme dieser Bedingung abgesehen werden.

228. Zur Beurteilung des Drehstrommotors kann im Allgemeinen nicht die Anzugskraft massgebend sein, man stützt sein Urteil vielmehr lediglich auf die Prüfung des Wirkungsgrades und des Leistungsfaktors. Unser Motor hat 94% Wirkungsgrad und 0,82*) Leistungsfaktor. Bei 2250 Volt wird er 180 PS. noch mit Sicherheit durchziehen.

229. Berechnet man für den Drehstrommotor die scheinbaren Watt und dividirt dann durch die Spannung des Wechselstrommotors, so erhält man „reduzierte Stromstärken", die man mit denen des Wechselstrommotors vergleichen kann. Dies ist in Fig. 94 geschehen. Man sieht (vgl. auch **187**), dass die grösste Leistung des Wechselstrommotors nur 65% von der des Drehstrommotors ist.**)

---

*) Man kann allerdings bei sehr grosser Sorgfalt bei Wechselstrommotoren noch etwas bessere Werte erreichen. D. H.

**) Die hier gegebene Behandlung des Wechselstrommotors reicht für die Bedürfnisse des Konstrukteurs aus, bedeutet aber nur ein Annäherungsverfahren, wie bereits wiederholt und namentlich in der Fussnote S. 148 betont wurde. Genaue Darstellungen sind für die Anwendung auf praktische Konstruktionsaufgaben allzu verwickelt und daher an dieser Stelle nicht von Nutzen. D. H.

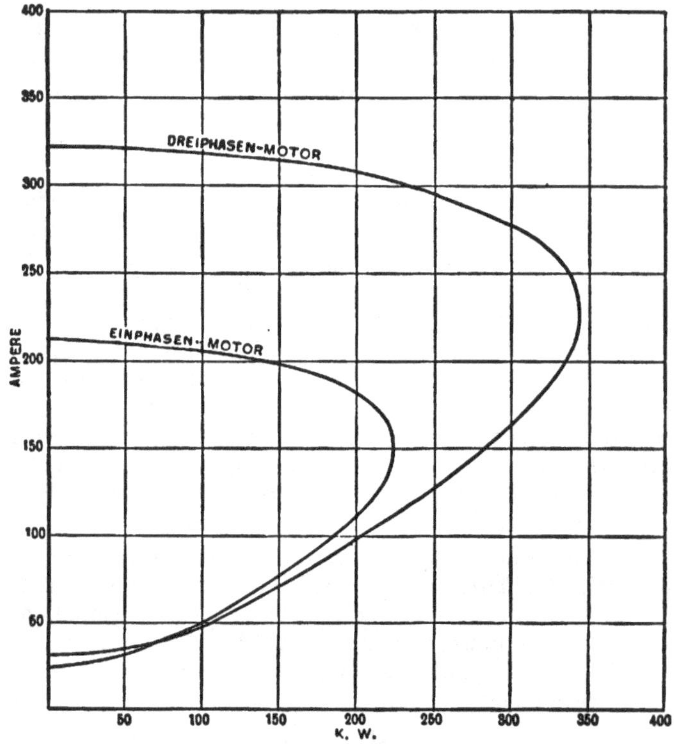

400
350
300
250
200
150
100
50
AMPERE
DREIPHASEN-MOTOR
EINPHASEN-MOTOR
50
100
150
200
250
300
350
400
K. W.

Fig. 94.

Kapitel XIII.

Anlauf-Vorrichtungen für Wechselstrommotoren.

230. Im Folgenden soll noch kurz einiges über die Methoden gesagt werden, die zum Anlassen der Wechselstrom-Motoren benutzt werden.

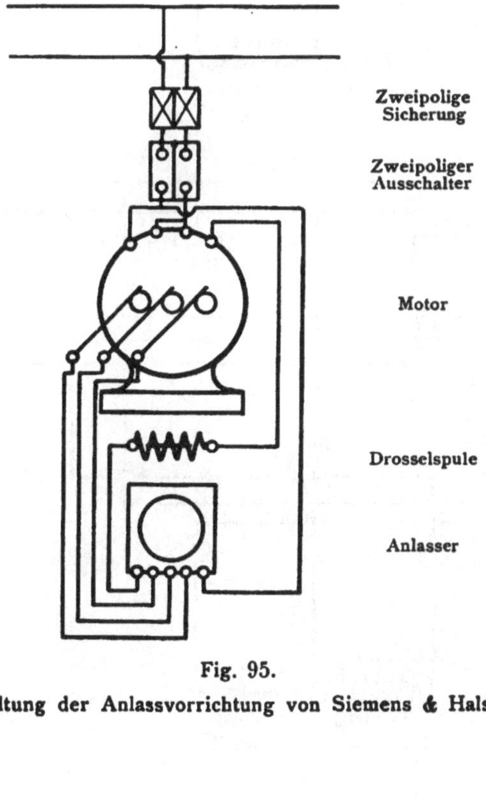

Fig. 95.
Schaltung der Anlassvorrichtung von Siemens & Halske.

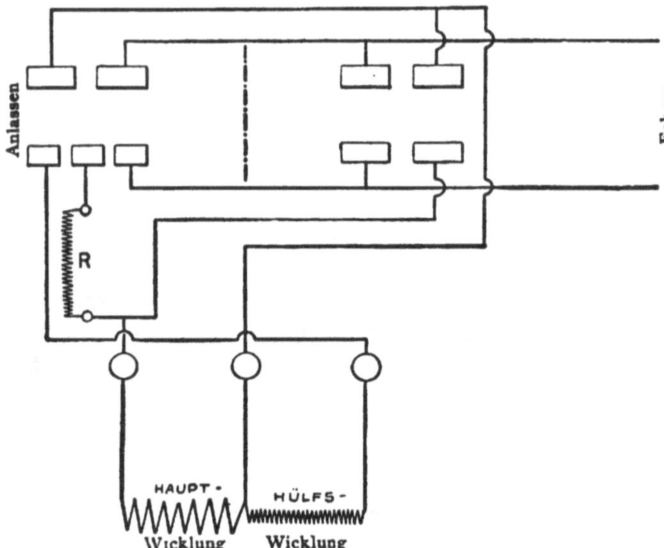
Anlassen
Fahren
R
HAUPT-
HÜLFS-
Wicklung
Wicklung

Fig. 96. +

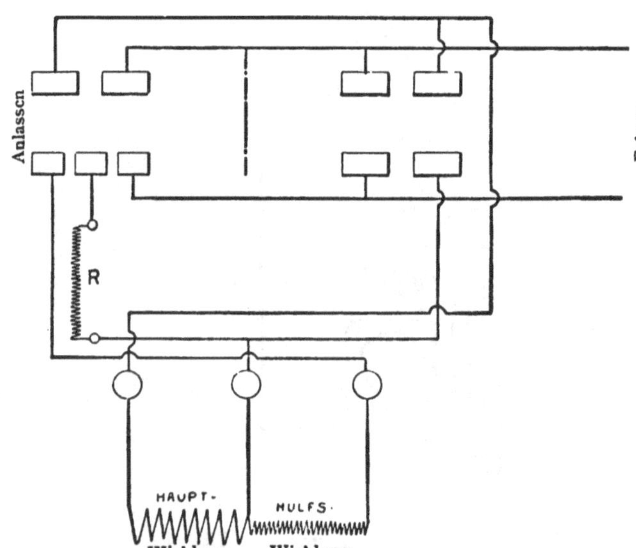
Anlassen
Fahren
R
HAUPT-
HÜLFS-
Wicklung
Wicklung

Fig. 97.

Es hat sich, wie bereits ausgeführt wurde, im allgemeinen als vorteilhaft herausgestellt, zwei Drittel der Teilung für die Hauptwickelung zu verwenden das übrige Drittel benutzt man dann für eine Anlaufs- oder Hülfs-Wickelung. Der Motor kann auf diese Weise als ein unvollkommener Zweiphasen-Motor anlaufen, (und zwar im Allgemeinen leer oder bei geringer Last) sobald es gelingt, für die Hülfswicklung einen gegen den die Hauptwicklung durchfliessenden Strom in der Phase verschobenen Hülfsstrom zu erzeugen.

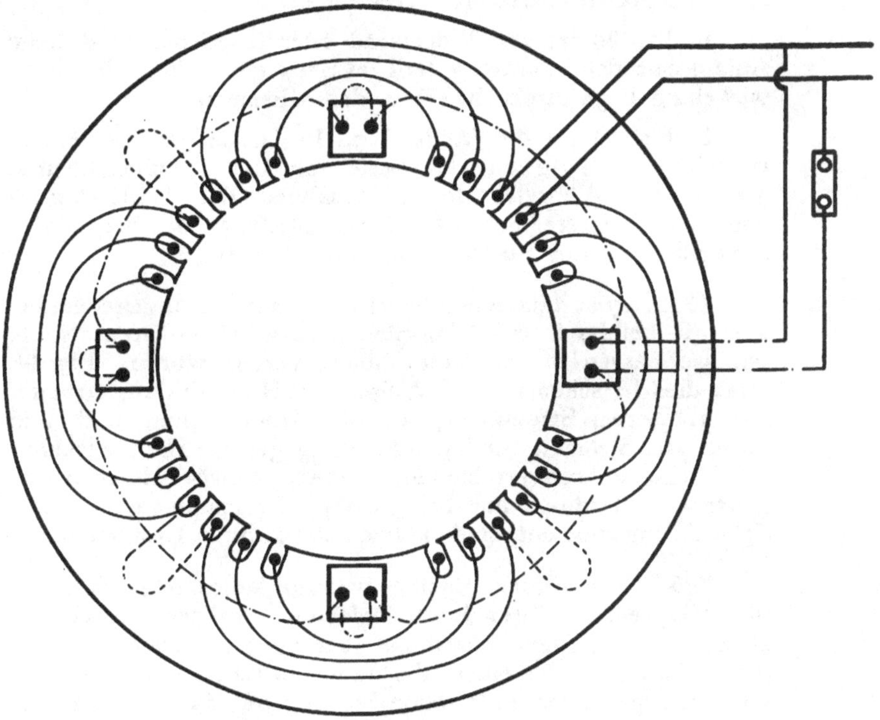

Fig. 98.
Schaltung des unter Last anlaufenden Motors von Heyland.*)

---

*) Die Figur ist einer Mitteilung von A. C. Eborall im Electrical Review entnommen.

231. Zu diesem Zweck sind besondere Apparate, sogenannte Phasenspalter erdacht worden, die alle darauf hinauslaufen, dass man versucht, durch Kombination von Drosselspulen, Kondensatoren und Widerständen im Nebenzweig phasenverschobene Ströme zu erzeugen.

232. Eine Anordnung dieser Art von Siemens & Halske A.G. zeigt Fig. 95.

233. Die Figuren 96 und 97 stellen schematisch die Anlassvorrichtungen dar, welche die Maschinenfabrik Oerlikon für ihre Wechselstrom-Motoren verwendet.

In Fig. 96 ist der Widerstand oder Kondensator R beim Anlauf mit der Hauptwickelung in Serie geschaltet; die Hülfswickelung liegt direkt zwischen den Klemmen.

In Fig. 97 ist der Widerstand R parallel mit der Hülfswickelung und letztere in Serie mit der Hauptwickelung. geschaltet. Während des Einschaltens des Widerstandes von der Anlasstellung zur Betriebsstellung ist der Motor zeitweilig von der Speiseleitung abgeschaltet.

234. Heyland hat einen Wechselstrommotor angegeben, bei dem die bei der S. & H. Anordnung vorgesehene Drosselspule gewissermassen in den Motor hinein verlegt wurde. Fig. 98 zeigt dies in schematischer Weise. Die Hülfswicklung arbeitet mit grösserem Streufaktor, als die Hauptwicklung und wird daher von Strömen durchflossen, die gegen die Hauptwicklung erhebliche Phasenverschiebung haben. Solche Motoren ergeben — allerdings nur bei grossem Stromaufwand — kräftiges Anzugsmoment und können also unter Last anlaufen.

235. Nach diesem System wurden Motoren gebaut, die das entsprechend ihrer Normalbelastung dreifache synchrone Drehmoment anzogen, allerdings aber bei achtfacher normaler Stromstärke, also bei einem Verbrauch an scheinbarer Leistung, der im Allgemeinen nicht ohne Störung auf das Netz, an das der Motor etwa angeschlossen werden würde, zu ermöglichen wäre. Bei normalem Drehmoment war der Strom beim Anziehen rund doppelt so gross, als bei voller Umdrehungszahl, ein Resultat, das aber auch in der in Fig. 95 abgebildeten Anordnung erzielt werden konnte.

236. In genau gleicher Weise, wie beim Drehstrommotor, ist es gut und bei grösseren Motoren unerlässlich, dass beim Anlassen in den sekundären Teil Widerstände eingeschaltet werden. Die richtige Grösse für die Widerstände in diesen Anlassern ermittelt man unter Benutzung der in **202** angegebenen Formel und unter Berücksichtigung des Umstandes, dass der fiktive Motor I nach dem ersten Anstoss allein die Beschleunigungsarbeit zu übernehmen hat, seine volle Leistung aber nur bei entsprechender erhöhter Sekundär- und Primärstromstärke entwickeln kann.

Anhang.

Die Kreisdiagramme des allgemeinen Transformators*).

237. In diesem Anhang soll noch eine ganz allgemeine Behandlung des Transformatorendiagramms folgen, bei der auch der Einfluss des primären Widerstandes berücksichtigt werden wird. Die Resultate sind im Allgemeinen bereits bekannt, der Weg, auf dem sie hier abgeleitet werden, verdient aber seiner Eigenart wegen einige Beachtung. Es wird nämlich von dem Prinzip der „reziproken Vektoren" Gebrauch gemacht werden.

Diagramm der magnetomotorischen Kräfte und der durch diese hervorgerufenen Magnetflüsse.

238. Aus dem Satz von der Erhaltung der Energie folgt, dass die M.M.K.K. X_1 und X_2 der Primär- und der Sekundärwicklung eines Transformators auf den Magnetkern in entgegengesetztem Sinne wirken. Beiden bietet sich ein magnetischer Kreis, in dem sich ein beide Wicklungen umschlingender Hauptfluss und ein zweifacher Streufluss ausbildet.

---

*) Dr. Bedell's Buch „The principles of the Transformer" vom November 1900 ist kurz berücksichtigt worden.

Im Jahre 1893 gaben Bedell & Crehore den theoretischen Beweis für die Thatsache, dass der geometrische Ort für die Primärspannung eines Transformators bei constantem Strom ein Halbkreis ist; in seiner Schrift über „Transformer Diagrams Experimentally Determined", die auf der Elektriker-Versammlung zu Chikago im Jahre 1893 verlesen wurde, gab Dr. Bedell auch den Beweis durch Mitteilung von Versuchsresultaten dafür, dass für den Transformator mit konstantem Strom die Potentialdifferenz an den Enden der Primärwicklung durch Sehnen in einem Halbkreis dargestellt werden kann. Das Diagramm für den Transformator mit constantem Potential zu entwickeln, war jedoch europäischen Fachleuten vorbehalten.

Der „magnetische Widerstand" (Reluktanz) für den Hauptfluss sei R, der für die Streuflüsse ρ_1 und ρ_2. Der Hauptfluss werde mit M_2, die Streuflüsse mit m_1 und m_2 bezeichnet.

Dann ist $$X_1 = m_1 \rho_1$$
$$X_2 = m_2 \rho_2$$
und, wenn man X_1 und X_2 als Vektorgrössen auffasst,
$$X_1 - X_2 = \overline{M_2 R_1}$$

239. Die Streufelder — Streuung und Abweisung — sind den M. M. K. K., durch die sie hervorgerufen werden, der Grösse nach proportional und mit ihnen in gleicher Phase.

Zunächst soll nun angenommen werden, dass der Transformator induktions- und kapazitätsfrei belastet werde. Für diesen Fall gilt das Diagramm Fig. 99.

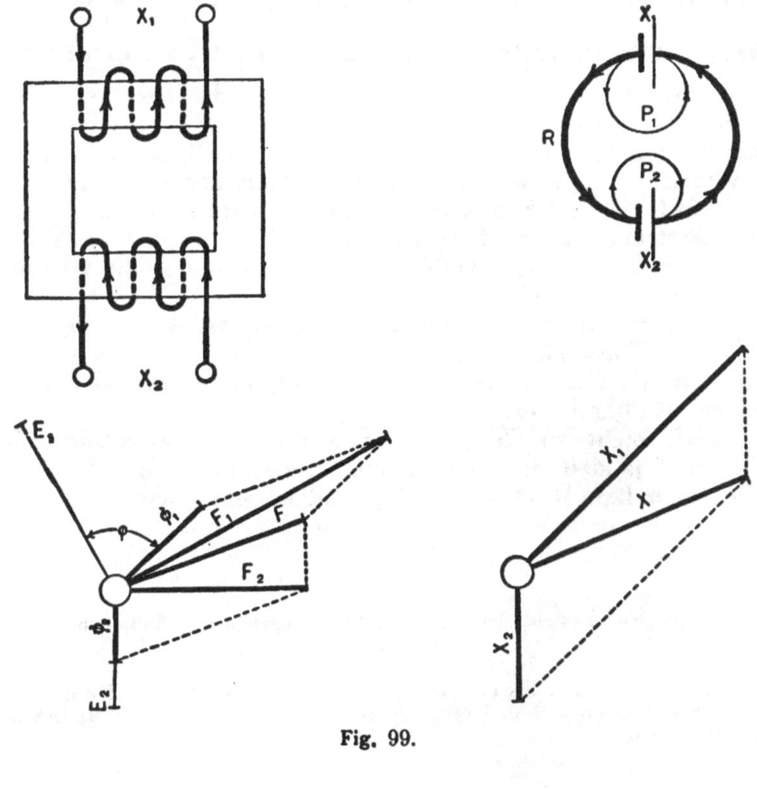

Fig. 99.

E_2 ist die sekundäre Spannung; sie wird hervorgerufen durch den ihr um 90° voreilenden Hauptfluss M_2. Der sekundäre Strom wirkt abweisend, und erzeugt den Streufluss m_2.

Aus der vektoriellen Summe von M_2 und m_2 resultiert ein Magnetfluss M.

(Es ist übrigens zu bemerken, dass eigentlich zwischen periodisch veränderlichen M. M. K. K. und den von ihnen erregten magnetischen Flüssen infolge der Hysteresis des Eisens eine kleine Phasenverschiebung besteht. Von dieser wollen wir zunächst, da sie keinen sehr grossen Einfluss hat, absehen. Dann können wir z. B. im Diagramm dem Fluss M die M. M. K. X ohne Weiteres proportional und phasengleich zeichnen.)

X ist die Resultante aus X_1 und X_2.

Die „Streuung m_1 wird verursacht durch X_1 und ist daher mit X_1 phasengleich. M und m_1 bilden den Primärfluss M_1.

A. Transformatoren für konstanten Primärstrom.

240. Bei einem Transformator mit veränderlicher Sekundärbelastung kann primär entweder der Strom oder die Spannung konstant gehalten werden. Ersteres wird z. B. bei Hintereinanderschaltung mehrerer Transformatoren der Fall sein.

241. Für die Speisung des Transformators mit konstantem Primärstrom gilt das Diagramm Fig. 100.

Die Strecke $\overline{OA^1}$ bedeutet den konstanten Primärstrom, $\overline{OB}$ giebt irgend einen Sekundärstrom an.

$\overline{OG}$ entspricht dem Hauptfluss M_2, $\overline{GC}$ der Abweisung und $\overline{OC}$ dem Fluss M.

Da $\sphericalangle\, OGA$ ein Rechter sein muss, so bewegt sich G auf einem Halbkreis über $\overline{OA}$.

$\overline{GC}$ steht zu $\overline{AC}$ in einem konstanten Verhältnis. $\overline{GC}$ bedeutet ja den Streufluss durch Abweisung m_2 und $\overline{CA}$ stellt die sekundäre M. M. K. X_2 dar, und es war nach

$$m_2 = \frac{X_2}{\rho_2} \quad ^{*})$$

---

*) Heyland bedient sich für seine Rechnungen der Definitionen

$$m_2 = \tau_2 \, x_2$$
$$m_1 = \tau_1 \, x_1$$

wobei man τ_2 und τ_1 als die magnetischen Leitfähigkeiten der „Streupfade" bezeichnen könnte; diese Streupfade sind aber schwer zweckentsprechend zu definieren.

In den vorhergehenden Ausführungen wurde geschrieben

$$M_1 = \overline{OA^1} = \frac{X_1}{\upsilon_1}$$

$$M_2 = \overline{AG} = \frac{X_2}{\upsilon_2}.$$

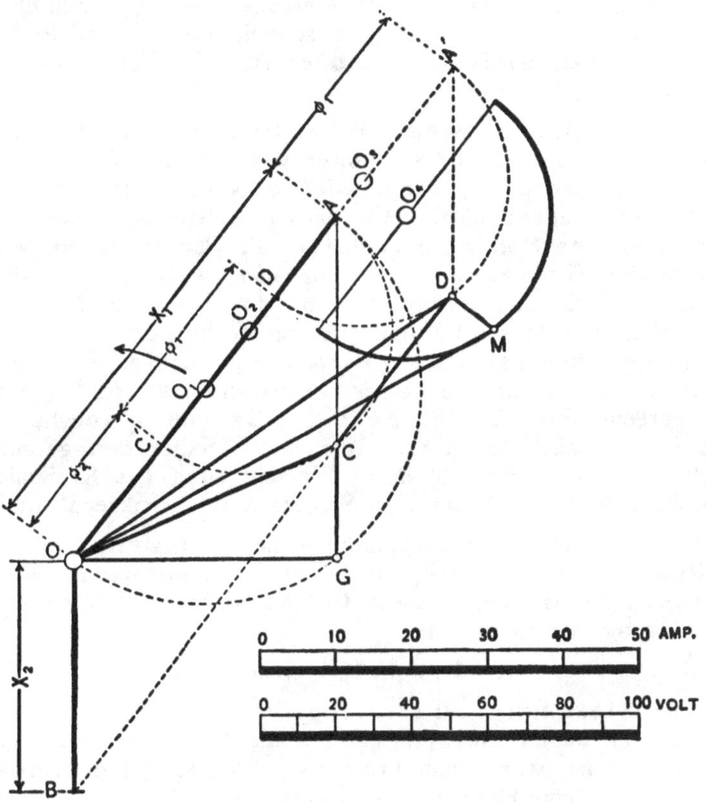

Figur 100.

242. Als geometrischen Ort für C findet man wieder einen Kreis, dessen Mittelpunkt bestimmt wird, indem man OA in C^1 im Verhältnis $\frac{\upsilon_2}{1}$ teilt und die Strecke $\overline{OC^1}$ in O_2

halbiert. Eine beliebige Sehne im Kreis über $\overline{OA}$ von A aus wird dann durch den Kreis um O_2 im Verhältnis $\frac{\upsilon_2}{1}$ geteilt*).

243. M war gleich OC. M und m_1 sind vektoriell zu addieren, um M_1 zu erhalten. Um dies im Diagramm bequem ausführen zu können, wiederholen wir den Kreis um O_2 mit $\overline{O_2 A}$ so, dass er A^1 schneidet — es bedeutet das eine Parallelverschiebung. Jetzt schneidet eine Parallele durch C den neuen Kreis in D und es ist $\overline{CD} = \overline{AA^1}$. Daher ist dann $\overline{OD} = M_1$.

244. Den ohmschen Widerstand der Primärwicklung betrachtet man als Ursache einer Verringerung der primären E. M. K., also auch, wenn wir so wollen, als Verlust an primärem Magnetismus. Wir müssen aber bedenken, dass der ohm'sche Spannungsverlust in die Phase des ihn verursachenden Stromes fällt, dass wir also, wenn wir ihn durch eine E. M. K. ausdrücken wollen, das dieser E. M. K. entsprechende Feld um 90^0 nacheilen lassen müssen. Der Vektor des dem Spannungsverlust entsprechenden fictiven Feldes steht also senkrecht zum Vektor des Primärstromes. Im Diagramm entspreche ihm die Strecke $\overline{DM}$. Da nun J_1 konstant ist, so ist $\overline{DM}$ auch konstant. Wir finden daher den geometrischen Ort für Punkt M durch Verschiebung des Kreismittelpunktes O_3 nach O_4 um eine Strecke $= \overline{DM}$, senkrecht zu $\overline{OA}$.

245. Die Klemmenspannung, die wir brauchen um den Strom J_1 proportional X_1 durch den Transformator zu treiben, ist proportional $\overline{OM}$. Diese Grösse ist bei der numerischen Auflösung der Gleichung

$$E = k\, n\, z\, M_1\, 10^{-8} \text{ einzuführen,}$$

wobei bekanntlich k für sinusartige Veränderung von $M = 2{,}22$ zu setzen ist, wenn man unter z die Drahtzahl (und $= 4{,}44$ zu setzen ist, wenn man unter z die Windungszahl) versteht.

246. Beim Entwurf des Diagramms hat man von der gegebenen Primärstromstärke auszugehen. Der Durchmesser des Kreises über X_1 folgt aus

$$X_1 = \overline{OA^1}\, \upsilon_1 .$$

*) Es ist $AG : AC = r^2 : r^1$, wie ohne Weiteres ersichtlich ist, wenn man CC^1 zieht.

Den Punkt D^1 findet man leicht, da

$$\overline{OD^1} = \frac{X_1}{\upsilon_1} - \overline{A^1D^1}$$

$$\overline{A^1D^1} = X_1\,\upsilon_2$$

also
$$\frac{\overline{OD^1}}{\overline{A\,D^1}} = \frac{\frac{1}{\upsilon_1} - \upsilon_2}{\upsilon_2} = \frac{1}{\upsilon_1\,\upsilon_2} - 1.$$

Diesen Ausdruck nennt man den Streufaktor des Transformators σ. Es ist also

$$\sigma = \frac{1}{\upsilon^1\,\upsilon_2} - 1.\ ^{*)}$$

247. Zusammenfassend können wir feststellen, dass ein Transformator mit konstantem Primärstrom und beträchtlicher Streuung mit sich ändernder Sekundärbelastung seinen Magnetismus und daher auch seine Klemmenspannung ändert, und dass diese Änderung nach Grösse und Phase durch ein Kreisdiagramm dargestellt werden kann, zu dessen Konstruktion alles Erforderliche gegeben ist, sobald der Streufaktor und der Widerstand bekannt sind.

B. Der Transformator für konstante Spannung.

248. Wenn jetzt ermittelt werden soll, in welcher Weise die Verhältnisse sich umgestalten, wenn nicht $\overline{OA^1}$, der Vektor des Primärstromes konstant gehalten wird, sondern die Spannung oder was dasselbe ist, $\overline{OM}$, der Vektor des primären Magnetismus, so ist es zweckmässig von dem Fall ausgehend, dass $\overline{OD}$ und $\overline{OA^1}$ in gleiche Phasen fallen (dass also $\overline{OG}$, der Hauptfluss M_2, verschwindet die Erklärung zu suchen. Dieser Fall ist in Fig. 101 dargestellt.

249. Wenn wir nun z. B. annehmen $\overline{OI}$ bedeute 60 *CGS* und sei hervorgerufen durch einen Primärstrom $OI^1 = 50$ Amp., so ergiebt sich für ein Feld von $O4 = 20$ ein Strom

$$\frac{60}{20} \times 50 = 150$$

entsprechend der Strecke $\overline{O4^1}$. Schlägt man dann Kreise über

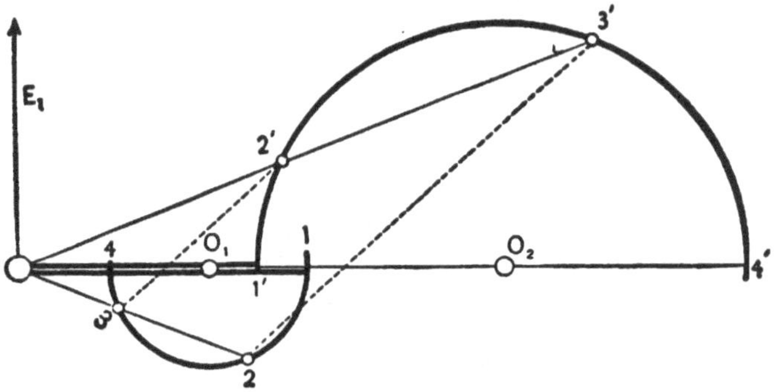

Fig. 101.

$\overline{41}$ und $\overline{1^1 4^1}$ und zieht man die Sehnen $\overline{O3^1}$ und $\overline{O2}$, so dass die Winkel 3^1O4^1 und 4^1O2 gleich werden, so gilt

$$\frac{\overline{O1}}{\overline{O2}} = \frac{\overline{O2^1}}{\overline{O1^1}}\,;\ \frac{\overline{O1}}{\overline{O3}} = \frac{\overline{O3^1}}{\overline{O1^1}}$$

u. s. w. und man sieht, dass (nachdem bei konstanter Spannung der Strom umgekehrt proportional der Grösse des resultierenden Magnetismus sein muss, weil dieses der Spannung ja das Gleichgewicht bis zur Durchlassung des betr. Stromes hält), in Fig. 101 zu dem unteren Kreis des Magnetismus der obere Kreis den geometrischen Ort für die Stromstärken liefert. Man sieht also, dass die Punkte 1, 2, 3, 4 für die magnet. Flüsse der Reihe nach den Punkten 1^1, 2^1, 3^1, 4^1 für die Stromstärken entsprechen. Diese Beziehung wurde von Dr. Bedell das Prinzip der reziproken Vektoren genannt.
$\overline{O1^1}$ entspricht also $\overline{QD^1}$ und $\overline{O4^1}$ der Strecke $\overline{DA^1}$ in Fig. 100.

250. Das Prinzip bleibt bestehen, wenn die als Grundlinie dienenden Durchmesser der betr. Kreise um gleiche Winkel von der Mittellinie abweichen. In Fig. 102 ist der Kreis um $O_4{}^1$ in reziproker Lage zum Kreise O_4. Winkel $O_4{}^1OA$ ist gleich O_4OA.

Ein Zahlenbeispiel wird noch deutlicher sein.

---

*) In Heylands Ausdrucksweise würde man schreiben:

$$\sigma = (1 + \tau_1)(1 + \tau_2) - 1$$
$$= \tau_1 + \tau_2 + \tau_1 \tau_2$$

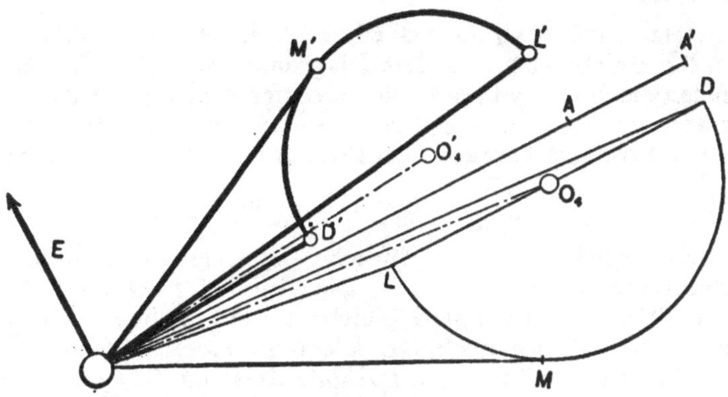

Fig. 102.

251. Ein Transformator oder ein Induktions-Motor habe 5 Amp. Magnetisierungsstrom; υ_1 sei 0,41, $\upsilon_2 = 0{,}80$. Die constante Klemmenspannung sei 110 Volt, der Widerstand der Primärwicklung 2 Ohm. Mit diesen Angaben zeichnen wir zunächst das Diagramm der Magnetflüsse für konstanten Primär-Strom von 5 Amp. in Fig. 103 unterhalb der Abszisenaxe. Der primäre Ohm'sche Verlust ist $5 \times 2 = 10$ Volt; damit ist die Höhe von $\overline{21}$ festgelegt. $\overline{01}$ ist das Feld entsprechend 110 Volt; $\overline{21}$ entspricht A^1D^1 in Fig. 101 und ist gleich $X_1 \upsilon_2$; damit ist auch der Kreis über O_4 bestimmt.

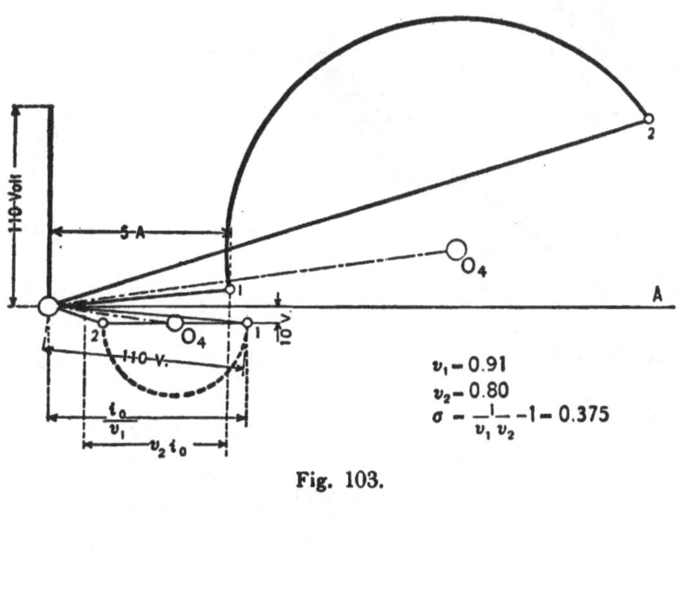

Fig. 103.

Jetzt wird $\sphericalangle O_4 OA = \sphericalangle O'_4 OA$ gemacht.

$\overline{O2}$ ergiebt sich aus dem Diagramm zu 31,5 Volt; da bei konstantem Strom von 5 A. die niedrigste Spannung 31,5 Volt beträgt, so ist bei konstanter Spannung von 110 Volt die höchste Stromstärke nach dem Prinzip der reziproken Vektoren

$$\frac{110}{31,5} \times 5 = 174 \text{ Ampère.}$$

Es ergiebt sich die Strecke $\overline{O2^1}$. Bei Leerlauf ist die Stromstärke $\overline{O1^1} = 5$ Ampére. Die Winkel $1\,OA$ und 1^1OA, sowie $2OA$ und 2^1OA sind gleich; 1^1 und 2^1 liegen also fest. Nun kann natürlich auch $O1_4$ leicht gefunden werden.

252. Die Ordinaten des Halbkreises um $O1_4$ stellen den Wattstrom im Transformator dar. Zum Punkt 1^1 gehört die Ordinate

$$\frac{J^2 n}{E} = \frac{5^2 \times 2}{110} = 0,455 \text{ Ampère.}$$

zum Punkt 2^1 die Ordinate

$$\frac{174^2 \times 2}{110} = 5,5 \text{ Ampère.}$$

$\overline{O1^1}$ und $\overline{O2^1}$ geben direct die Primärströme an.

253. Um die Auffindung der Sekundärströme zu erleichtern, ist das Diagramm noch einmal in Fig. 104 gezeichnet. Dort ist $\overline{OA}$ der Primärstrom oder besser gesagt die primäre M.M.K.

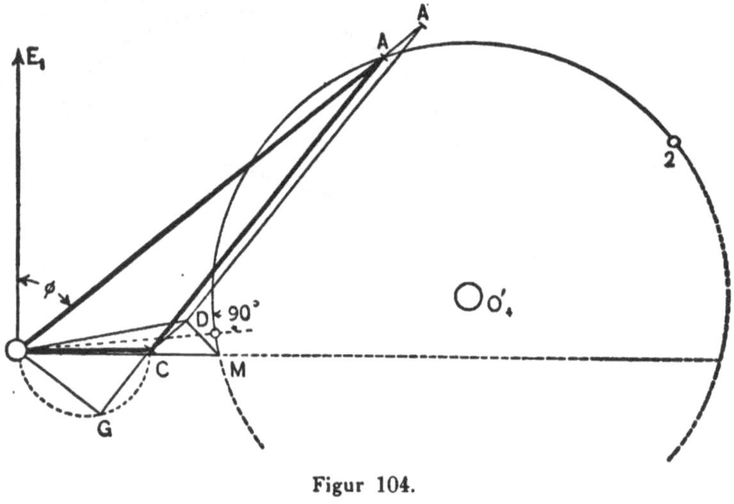

Figur 104.

$\overline{OM}$ ist proportional der Klemmenspannung (110 Volt). $\overline{MD}$ ist die dem Spannungsverlust entsprechende Verringerung des Magnetismus; $\overline{MD}$ steht natürlich senkrecht auf der primären M. M. K. $\overline{OA}$. Dann ist der die Feldwicklung umschlingende Fluss $\overline{OD}$. $\overline{CD}$ ist der primär verursachte Streufluss

$$\overline{CD} = \left(\frac{1}{\upsilon_1} - 1\right) \overline{OA}$$

$\overline{CG}$ ist die durch die sekundäre Abweisung verursachte Streuung

$$\overline{CG} = \left(\frac{1}{\upsilon_2} - 1\right) \overline{AC}$$

$\overline{OG}$ ist der magnetische Hauptfluss M_2; diese Strecke misst zugleich die sekundäre Spannung einschliesslich des sekundären ohm'schen Spannungsverlustes.

254. Das Diagramm vereinfacht sich nicht unbeträchtlich, wenn man auf die Berücksichtigung des primären Spannungsabfalls verzichtet. Es nimmt dann die Gestalt der Fig. 105 an.

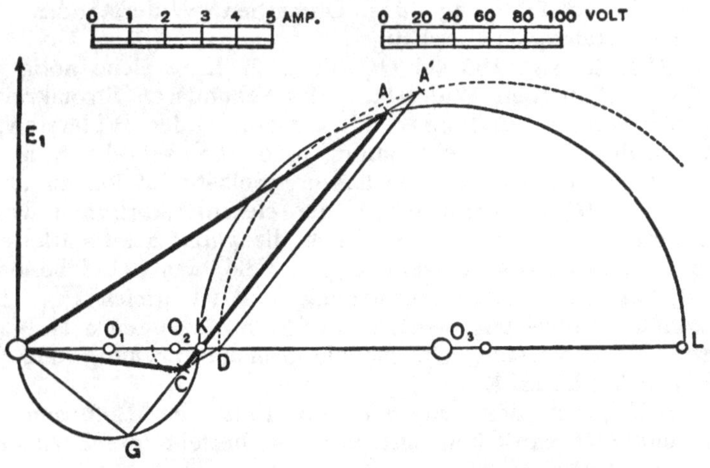

Fig. 105.

OC ist der Magnetisierungsstrom. Bei geöffneter sekundärer Wicklung wird $OC = OK$. Wir sehen also, dass der Magnetisierungsstrom nicht bei allen Belastungen konstant bleibt, sondern mit der Verringerung des Sekundärwiderstandes abnimmt.

Konstant bleibt der primäre magnetische Fluss M_1 der sich aus dem Hauptfluss M_2 und dem Streufluss zusammensetzt. Da nun der Streufluss mit der Belastung zunimmt und M_1 konstant bleibt, so nimmt M_2 ab.

K teilt OD so, dass $OK = \upsilon_1 OD$. Wenn wir endlich AK über K hinaus verlängern bis zum Schnittpunkt mit dem Kreis über O_1 in G, so haben wir alle Punkte, die Interesse bieten, bestimmt.

Induktive Belastung im Sekundärkreise.

255. Es bietet keine Schwierigkeiten, das Diagramm für einen Transformator zu konstruiren, der mit einer induktiven Belastung von konstantem Leistungsfaktor arbeitet. Die Entwickelung des Diagramms ist am einfachsten, wenn der Widerstand der Primärwickelung vernachlässigt wird, was im allgemeinen zulässig ist. Nachher ist es gegebenen Falls übrigens leicht, falls es wünschenswert ist, das Diagramm unter Berücksichtigung des Ohmschen Widerstandes der Primärwickelung zu berichtigen.

256. In Fig. 106 sei OQ die E. M. K., welche nötig ist, um den Ohmschen Widerstand des sekundären Stromkreises zu überwinden, und zwar mit Einschluss des Widerstandes der Spulen des Transformators, und ON sei die E. M. K. die erforderlich ist, um die äussere Selbstinduktion zu überwinden. OP ist dann gleich der elektromotorischen Kraft, die nötig ist, um den Strom durch die ganze Sekundärleitung des Transformators zu treiben. Das Feld, das dabei benötigt wird, hat 90^0 Phasenverschiebung und ist gleich $\overline{OG}$. Die sekundäre Abweisung wird durch $\overline{CG}$, die sekundäre M. M. K. durch $\overline{CA}$ gemessen; CD ist die primäre Streuung und OA die primäre M. M. K.

OC giebt den magnetischen Fluss im Luftraum M. OK und OD sind konstant und es besteht die Beziehung $OK = \upsilon_1 OD$.*)

Aus dem Diagramm folgt sofort, dass

$$AK : X_2 :: X_1 : \frac{X_1}{\upsilon_1}$$
$$AK = \upsilon_1 X_2.$$

*) Vgl. E. T. Z. Oct. 11. 1900. Zuschrift von Emde.

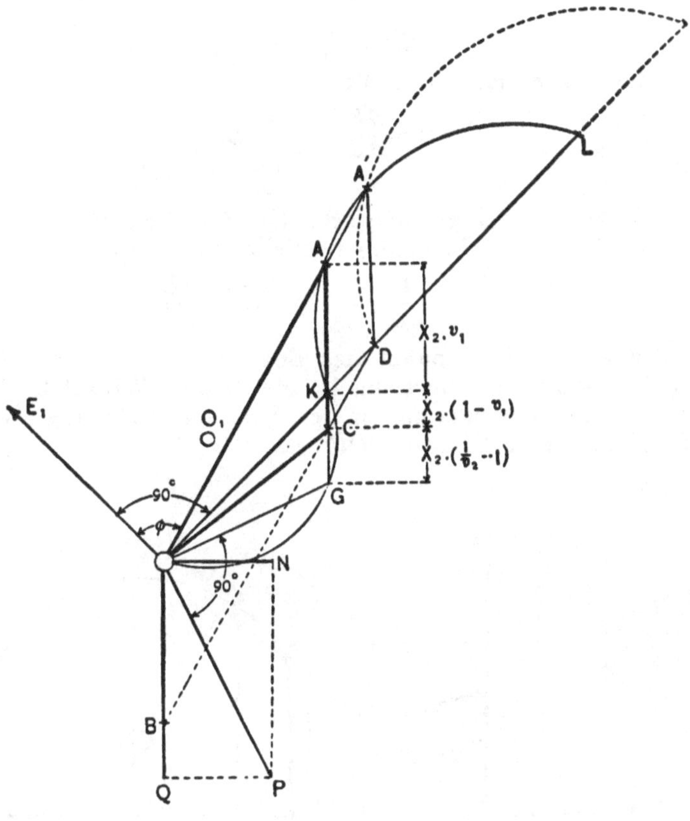

Fig. 170.

Da Winkel OGK konstant und gleich (180° — Winkel PON) ist und da $\overline{OK}$ auch konstant ist, so bewegt sich G auf dem Bogen OGK. Wenn also das Diagramm für einen Punkt entworfen ist, so ist der geometrische Ort für G bestimmt.

257. Um den geometrischen Ort für A zu bestimmen, hat man das Verhältnis von $\overline{GK}$ zu $\overline{AK}$, welches früher σ genannt wurde, zu berücksichtigen.

$$\overline{GC} = X_2 \left(\frac{1}{\upsilon_2} - 1\right)$$

$$\overline{KC} = X_2 (1 - \upsilon_1)$$

da $AK = \upsilon_1 X_2$ ist, so erhält man

$$\sigma = \frac{\overline{GK}}{\overline{AK}} = \frac{\frac{1}{\upsilon_2} - \upsilon_1}{\upsilon_1} = \frac{1}{\upsilon_1 \upsilon_2} - 1$$

Daher ist der geometrische Ort für A ein Bogen, dessen Sehne durch die Gleichung bestimmt ist

$$\sigma = \frac{1}{\upsilon_1 \upsilon_2} - 1 = \frac{\overline{GK}}{\overline{AK}} = \frac{\overline{OK}}{\overline{KL}}$$

258. Der Mittelpunkt des Bogens ist durch den Winkel $O_3\ KL$ bestimmt. Derselbe ist gleich dem Winkel QOP dem Winkel der Verzögerung in der Sekundärwickelung. Winkel O_1OK ist gleich Winkel QOP.

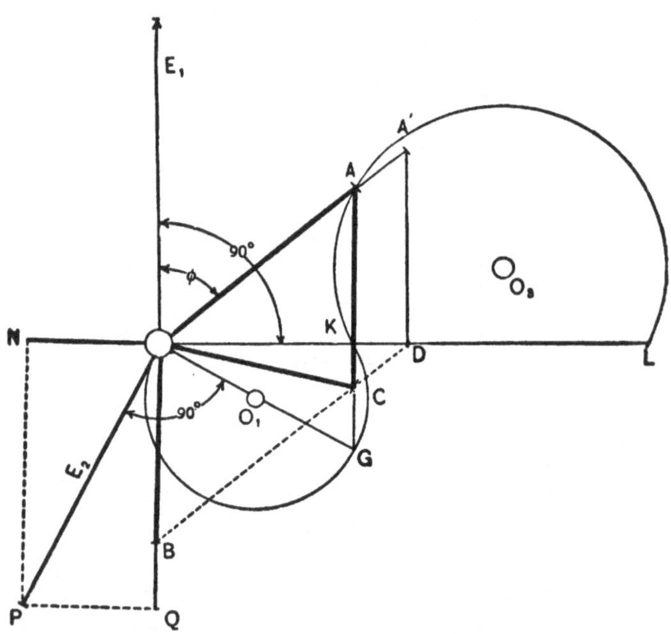

Fig. 107.

Kapacität in der Sekundärwicklung.

259. Die Fig. 107 ist für eine mit dem Widerstand in Reihe geschaltete Kapazität in der Sekundärwickelung gezeichnet. Winkel *POB* ist die sekundäre Phasenvoreilung, *OG* ist der Hauptfluss M_2. *OAK* ist das Dreieck der M. M. K. K.

Genau wie oben findet man:

$$\frac{OK}{OL}=\sigma=\frac{1}{\upsilon_1\,\upsilon_2}-1$$

Beachtet man, dass Winkel *OGK* konstant und gleich Winkel *NOP* ist, so folgt unmittelbar dass die Orte für *G* und *A* Kreise sind.

260. Winkel O_3KL ist wiederum gleich Winkel O_1OK gleich Winkel *POQ*, dem Winkel der sekundären Voreilung.

Hysteresis und Wirbelströme.

261. Im Folgenden soll noch kurz gezeigt werden, wie die Hysteresis und die Wirbelströme berücksichtigt werden können. Angenommen, dieselben wären für jede Belastung konstant, (sie sind es nicht, weil der Streufluss, wenn der Streupfad nur wenig gesättigt ist, mit grösseren Strömen grösser wird und der grössere Kern-Verlust auf dem Streupfad die Verminderung des verringerten Kern-Verlustes durch den Hauptfluss übertreffen kann, ausserdem auch der Einfluss der Unregelmässigkeiten in der Verteilung des Magnetismus bei verschiedenen Schlüpfungen ein verschiedener ist), dann erscheint es logisch richtig, diese Verluste in Rechnung zu ziehen, indem man eine Phasen-Verzögerung zwischen dem gewöhnlichen Feld *OC* und dem Magnetisirungsstrom annimmt. Diese Verzögerung vermindert den sekundären Strom.

Man ziehe daher eine Linie parallel mit $\overline{LD}$ in einer Entfernung von $\overline{LD}$ gleich dem Verlust durch Hysteresis und Wirbelströme in Watt, geteilt durch die Primär-Spannung; es müssen sodann die secundären Ströme zwischen dieser Linie und dem um O_3 beschriebenen Halbkreis gemessen werden.

* * *

262. Die Anwendung des Lehrsatzes von den reziproken Vektoren*) macht es in einfacher Weise möglich, die

---

*) Der Autor hebt hervor, dass im Vorstehenden wenig von ihm selbst kommt. Er sagt, er habe die Diagramme von Kapp, Steinmetz und Blondel vereinigt und soweit wie möglich vereinfacht.

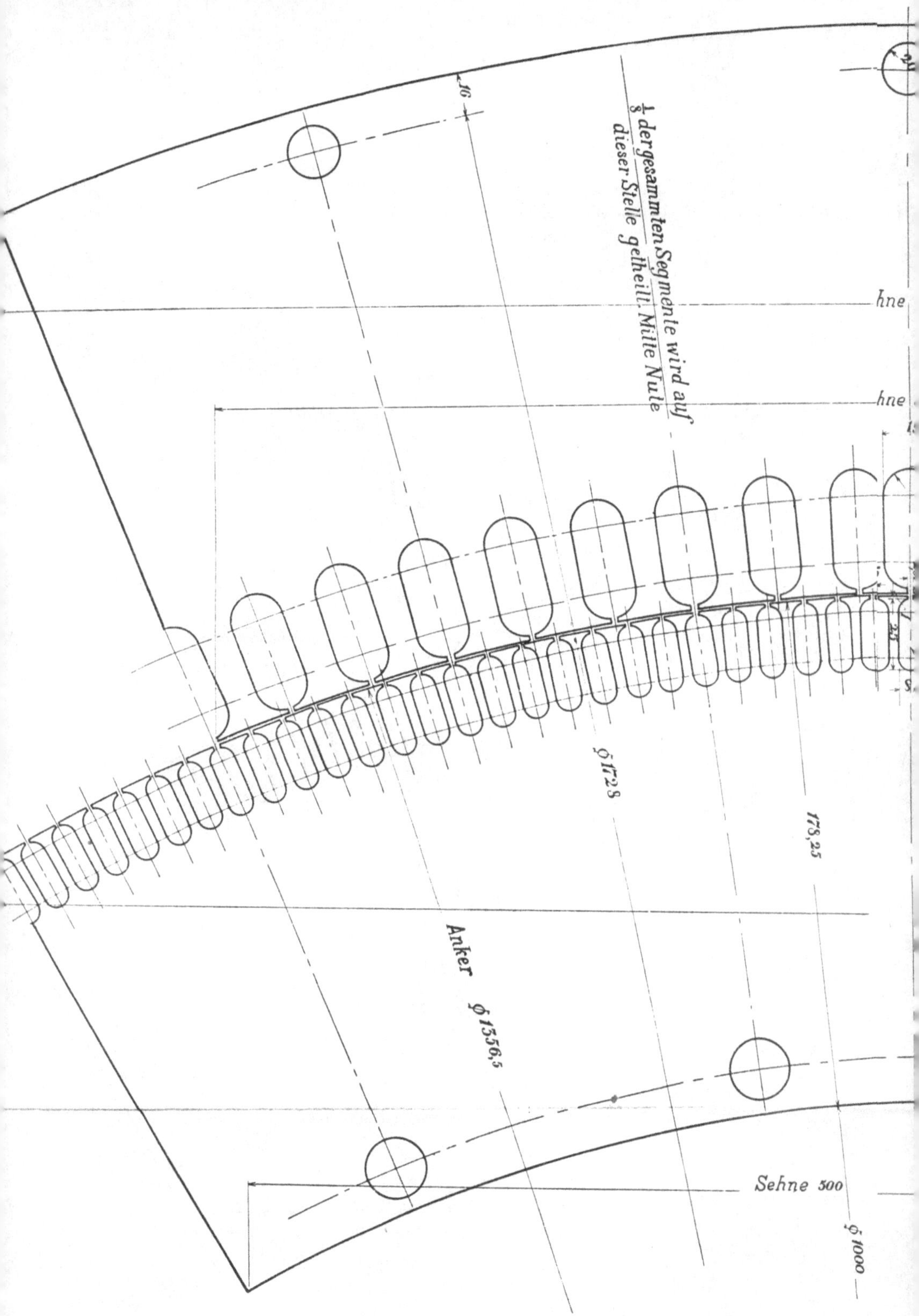

Vgl. S. 81.

Fig. 37. Blechschnitt Dre
$A_2 = 375$ PS U = 315, n =

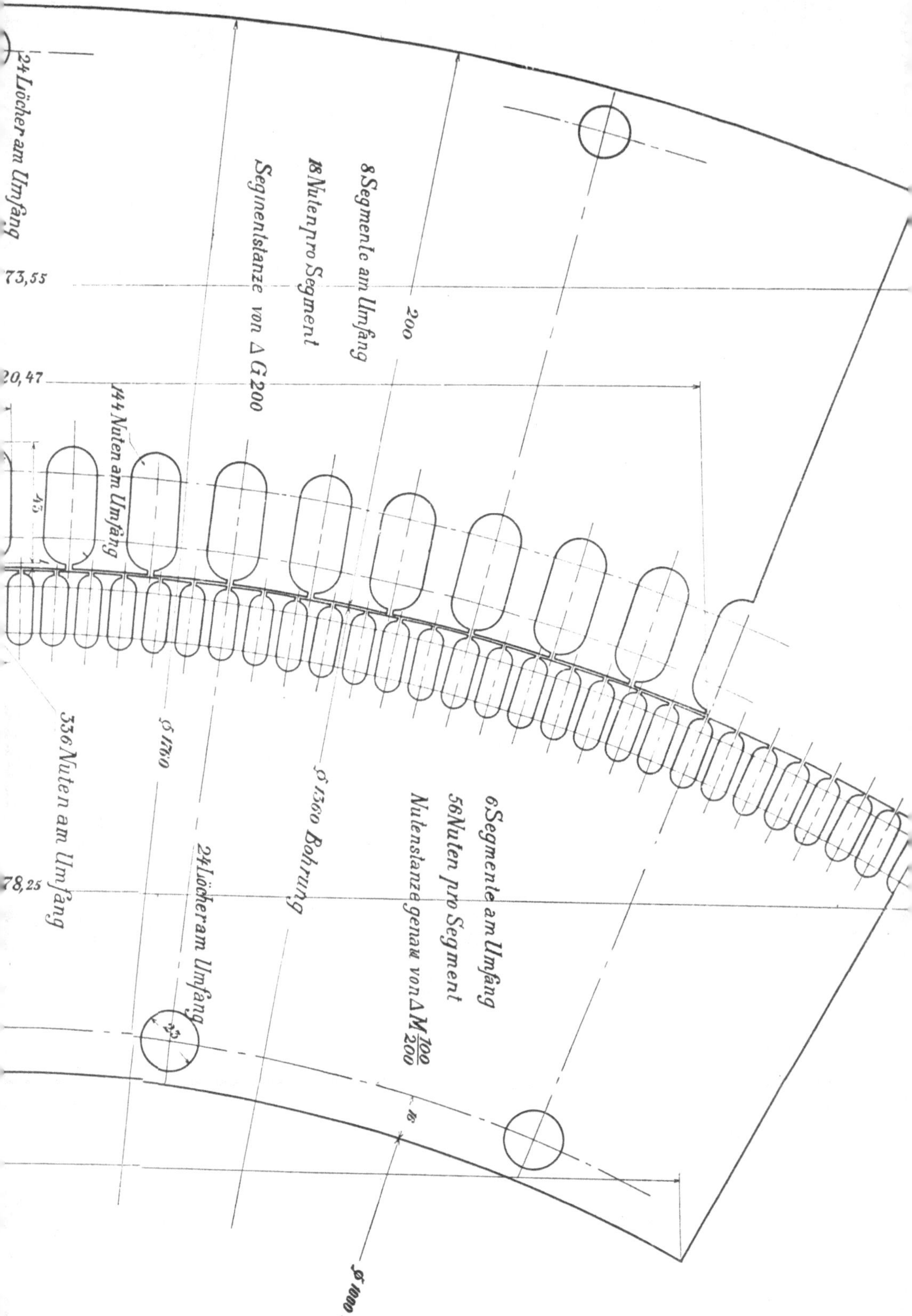

strommotor von Kolben & Co.

21 E = 500 Volt. z = 96.

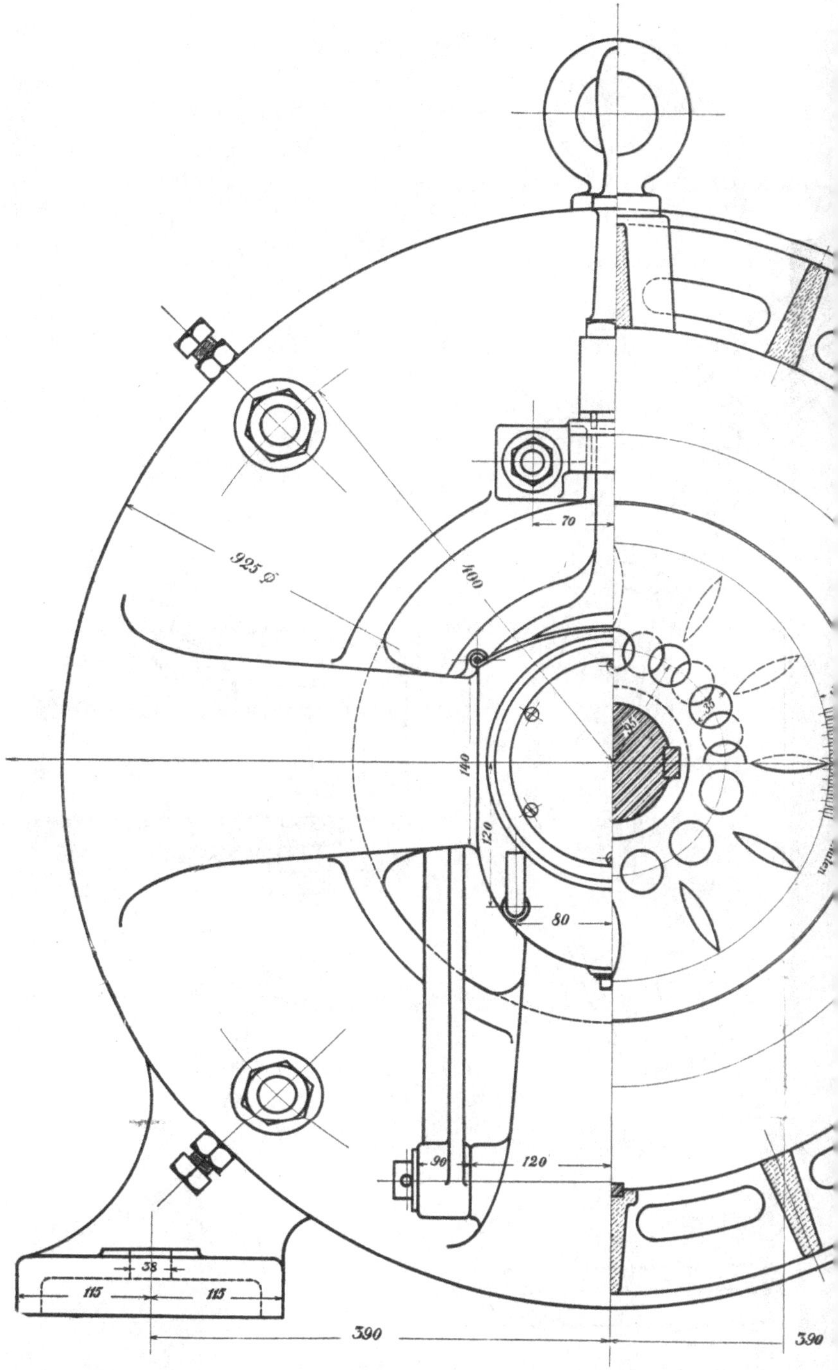

Fig. 40.

Vgl. S. 84.

*) Konstruiert in den Uebungen im Entwerfen von Dynamos etc. an der Kgl. techn. Hochschule zu Dresden.

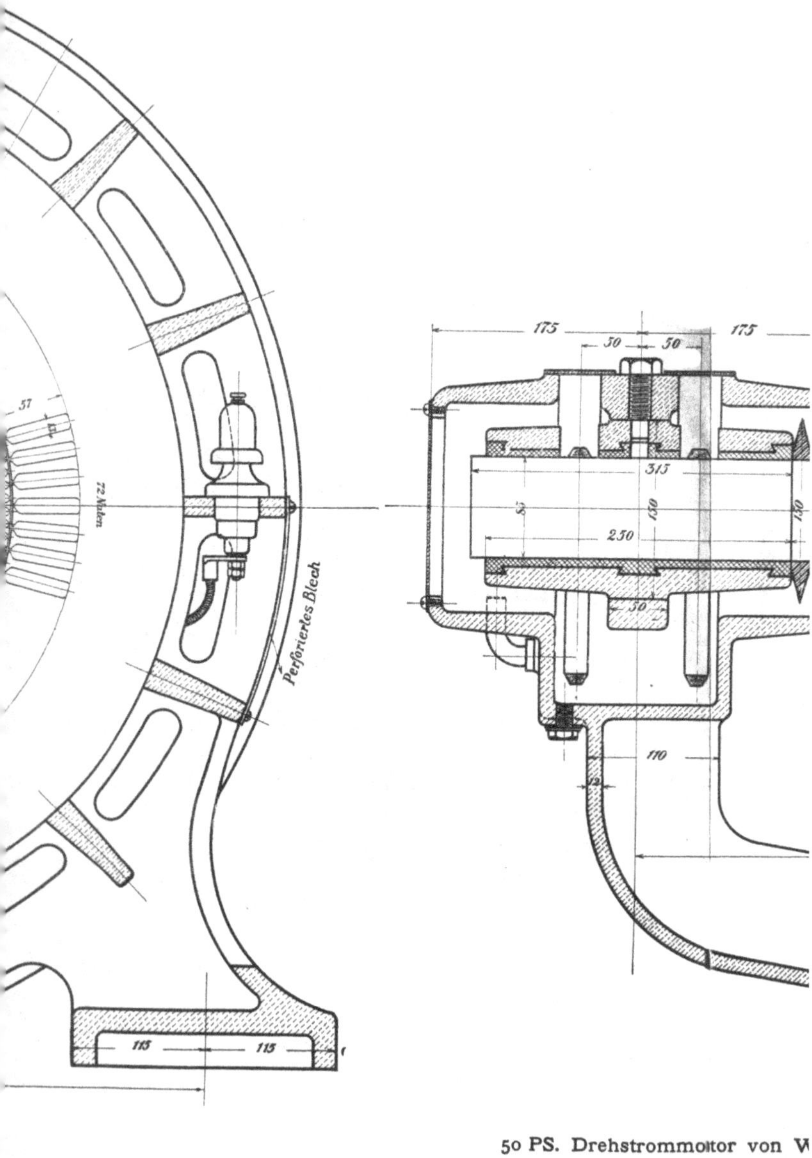

50 PS. Drehstrommotor von W

U = ca. 1000 n = 50 E =

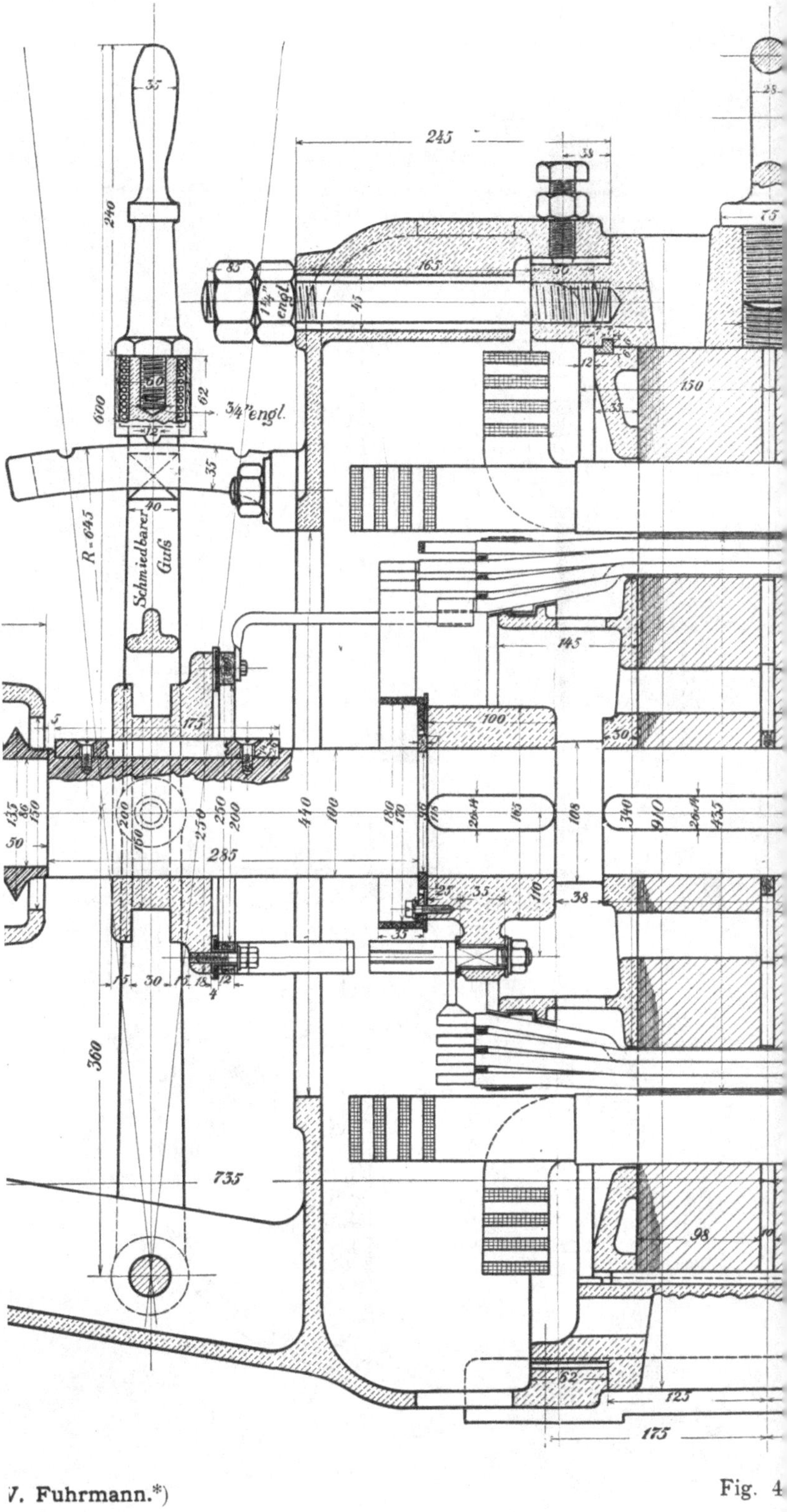

/. Fuhrmann.*)

3000 Volt.

Fig. 4

Tafel III.

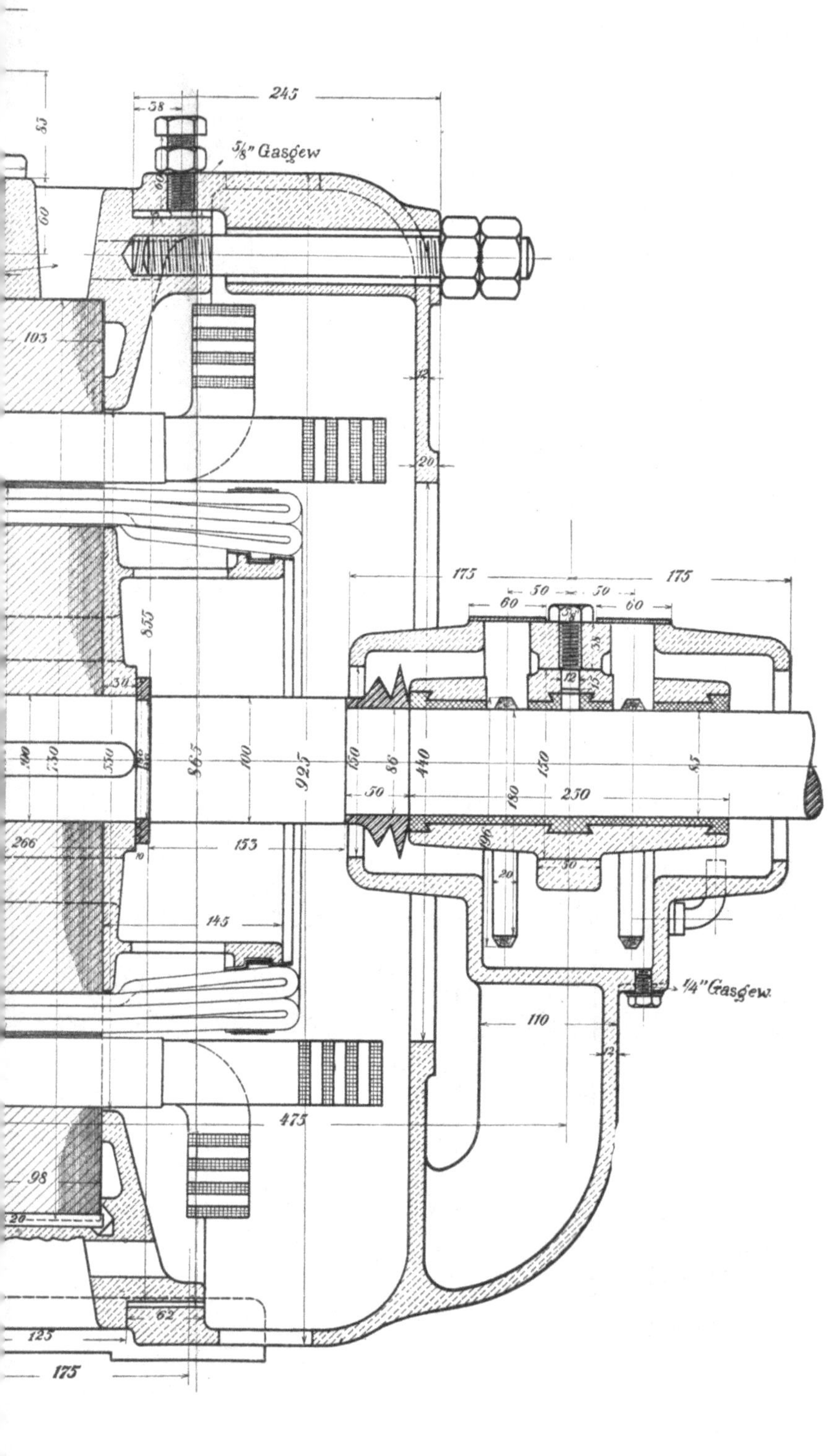

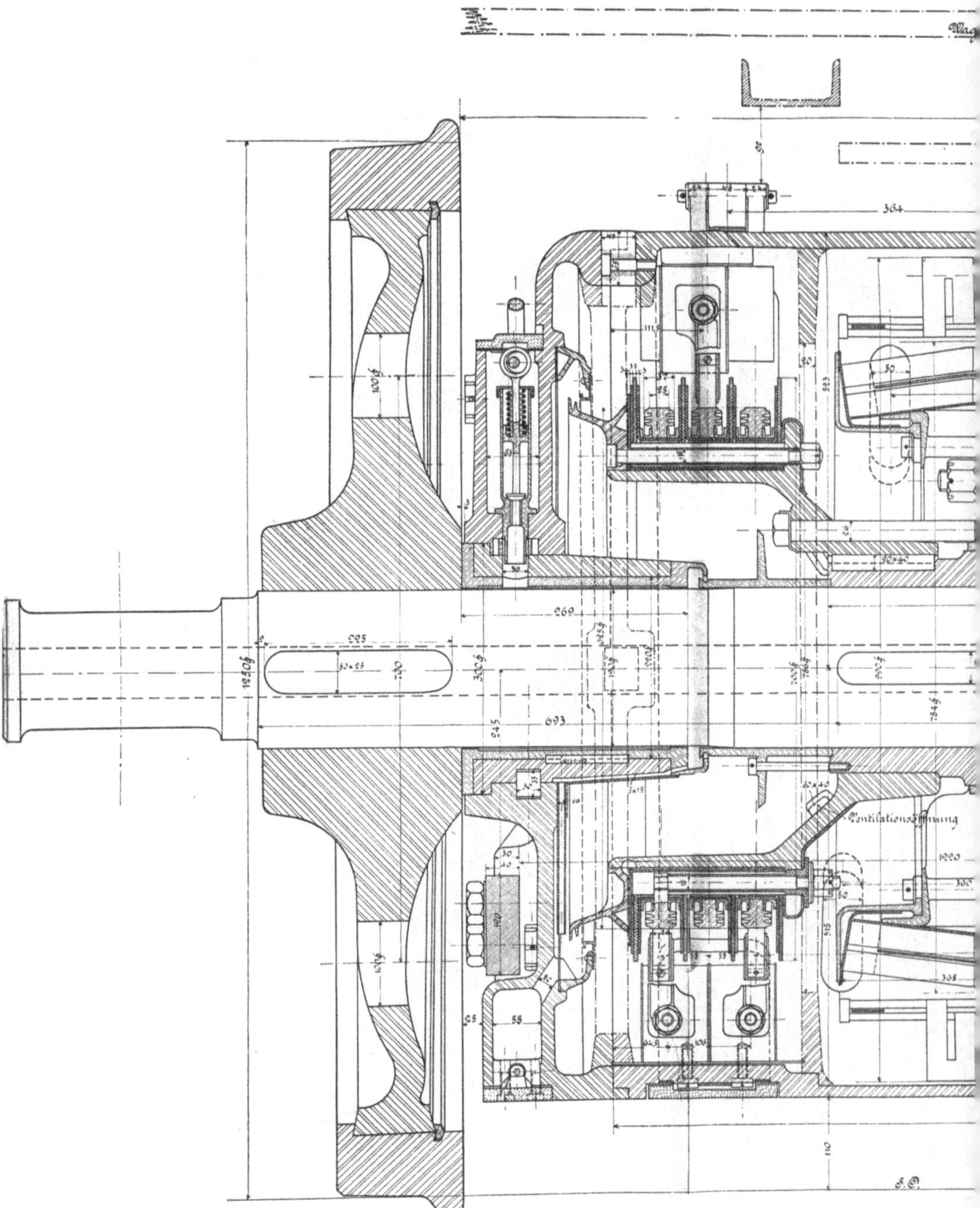

Vgl. S. 91.

Fig. 43. **Drehstromeisent**

$A_2 = 400$ U =

Tafel IV.

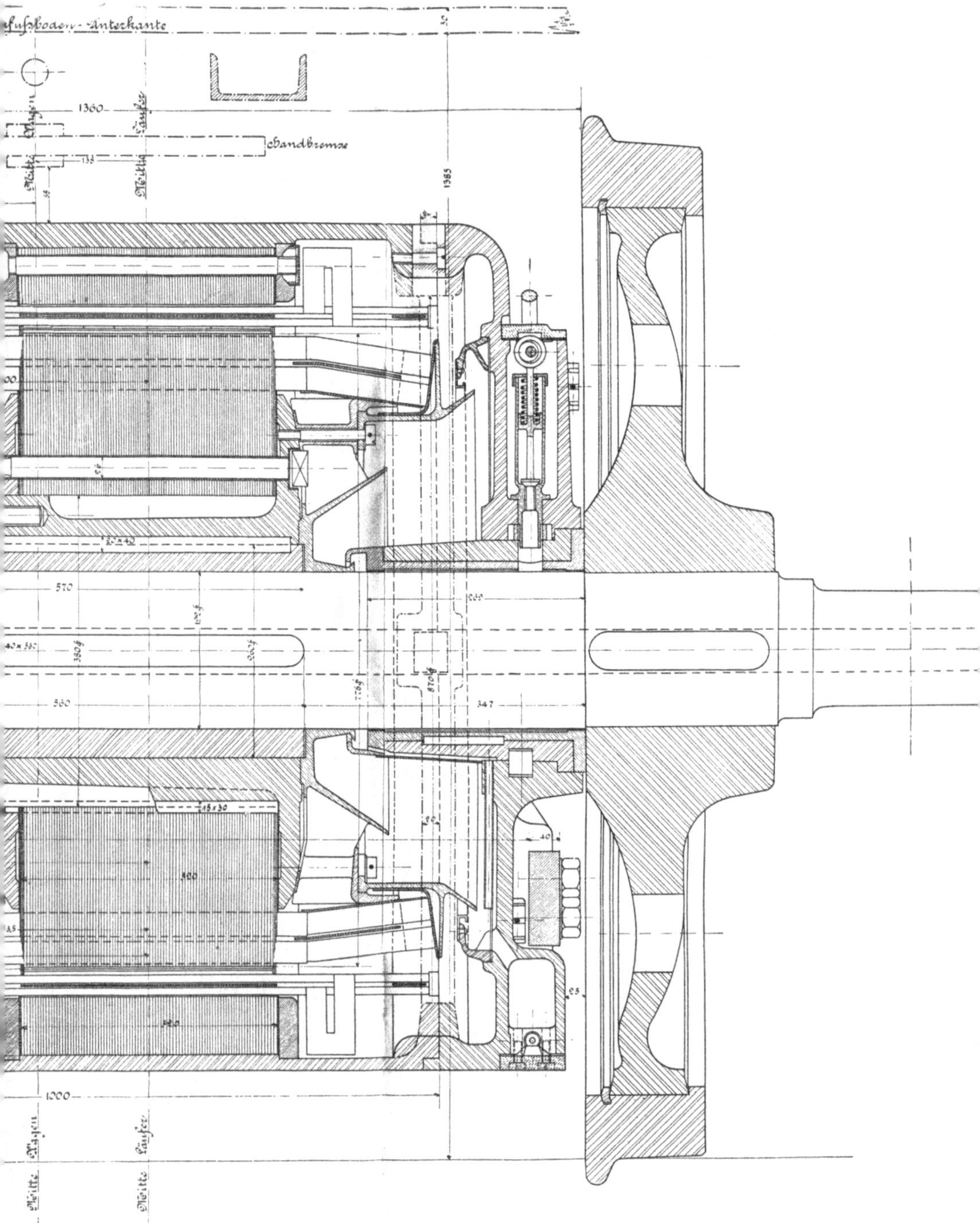

nnmotor von Siemens & Halske, A.-G.

00 n = 45 E = 1150 Volt.

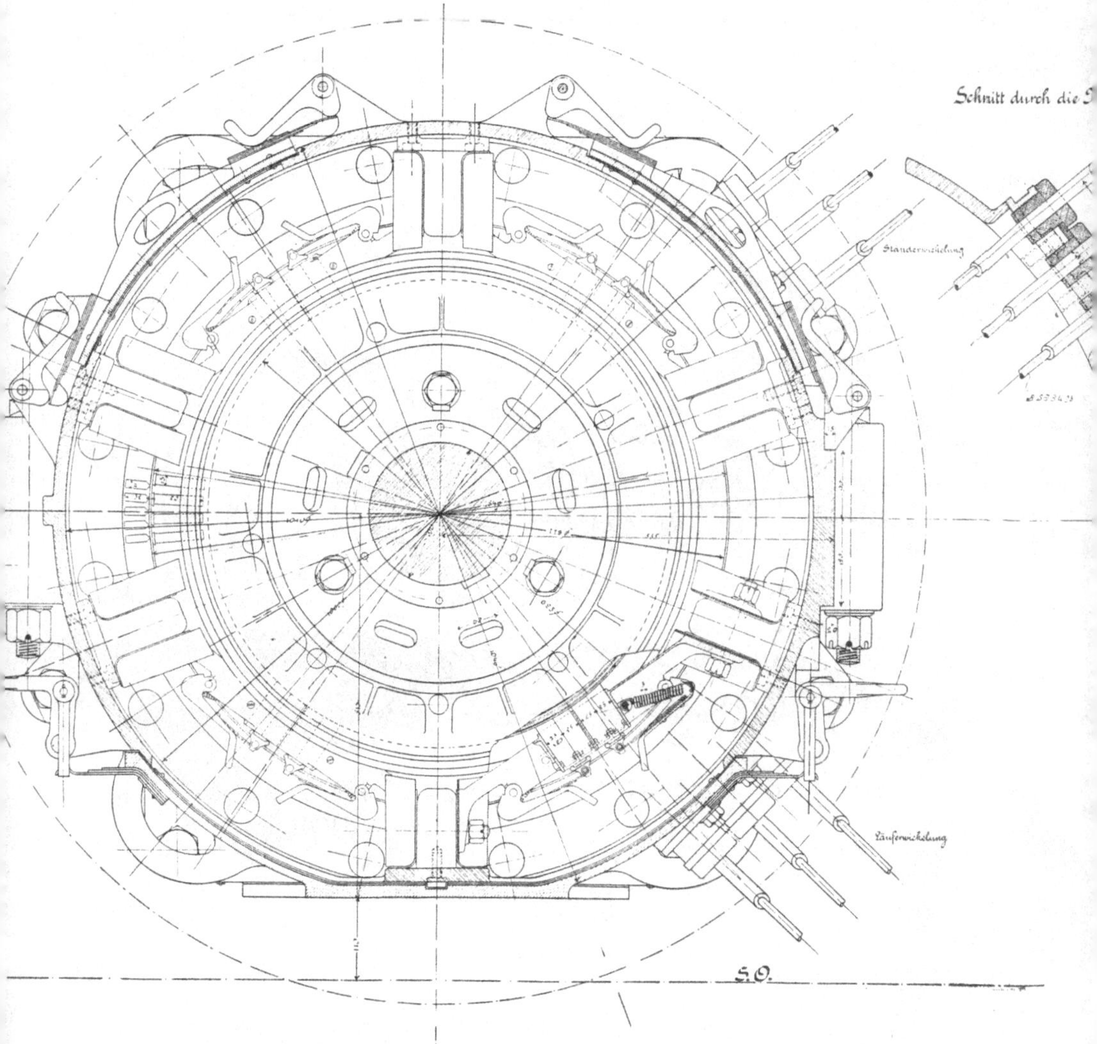

Fig. 44.

Drehstromeisenbahnmotor von

A 2 = 400 U = cca. 900 n

Tafel V.

ldurchführung

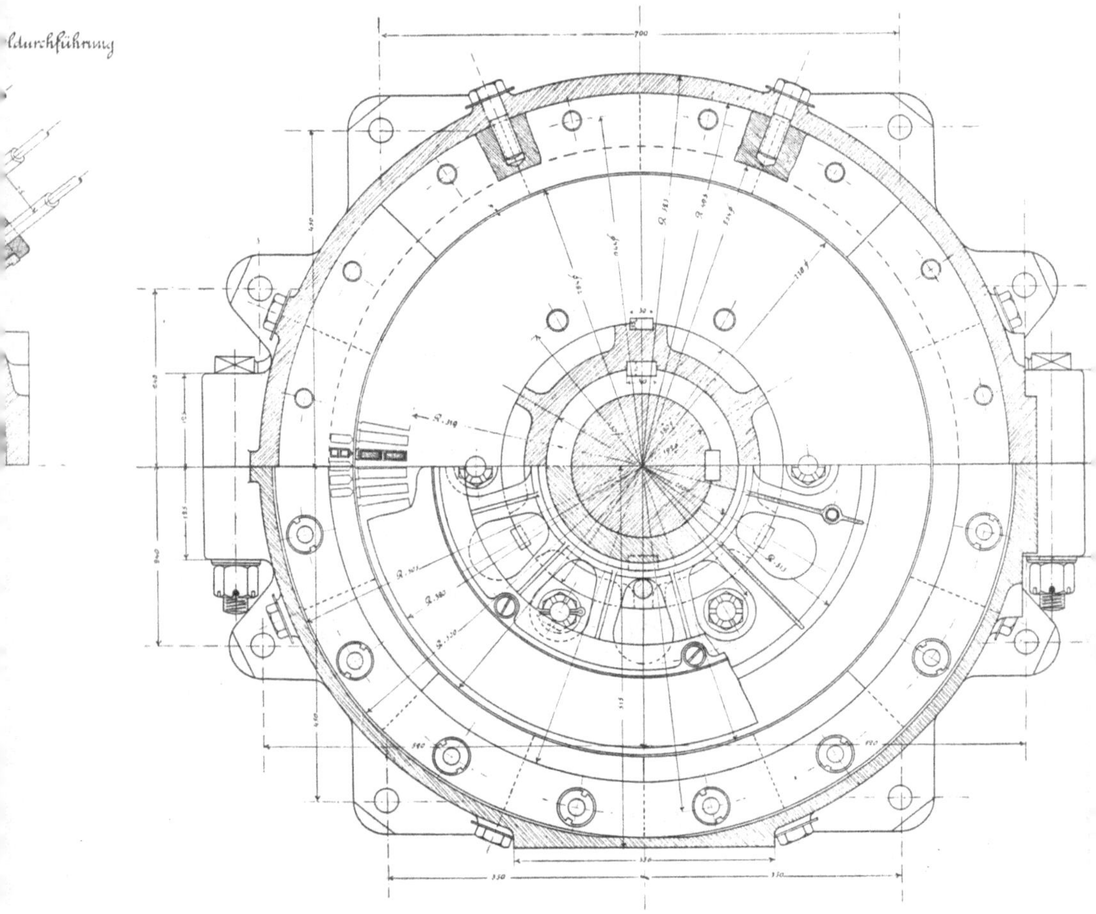

emens & Halske, A.G.
45 E = 1150 Volt.

Fig. 44a.

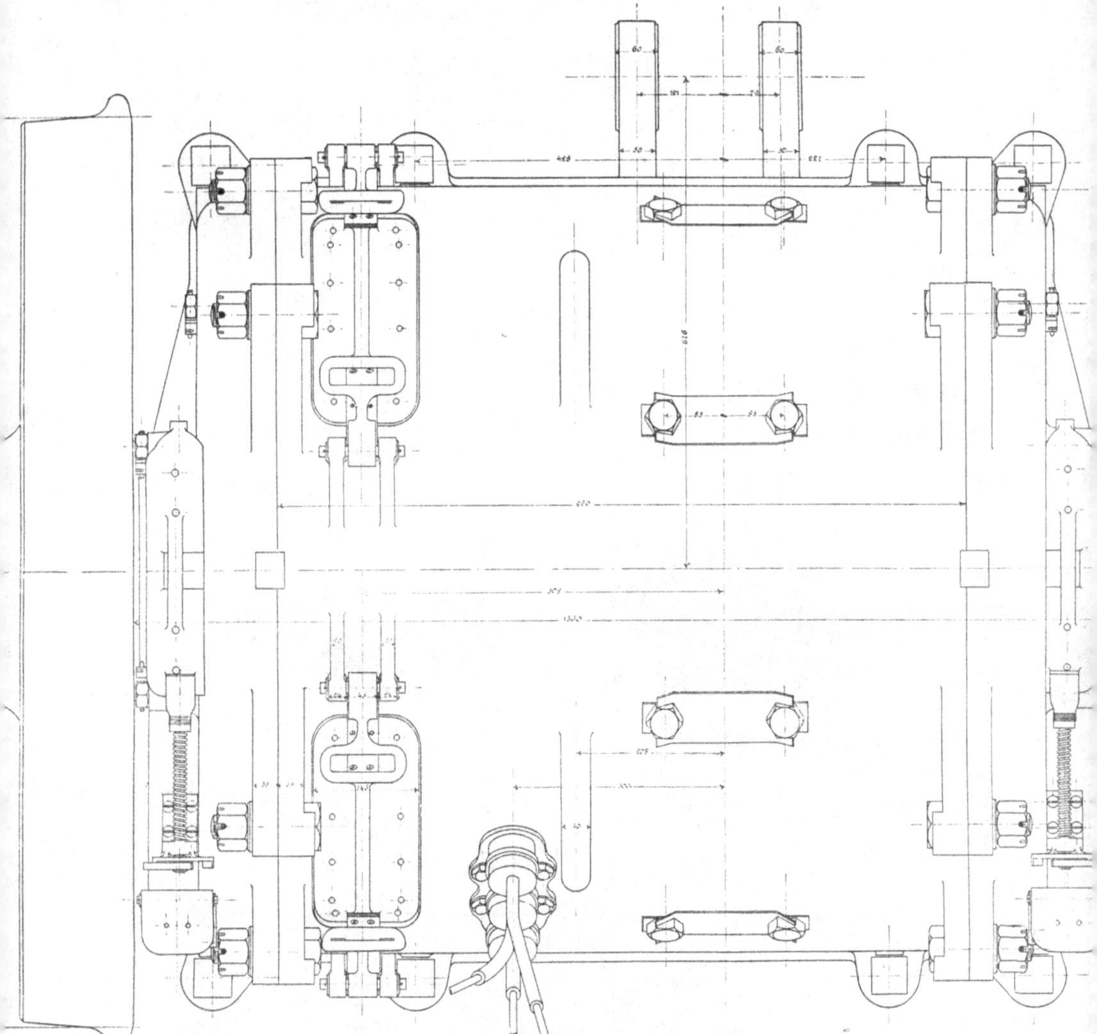

Fig. 45.

400 PS. Drehstromeisenbahn
Einbau

Vgl. S. 91.

ngefähr 1 : 8.

Tafel VI.

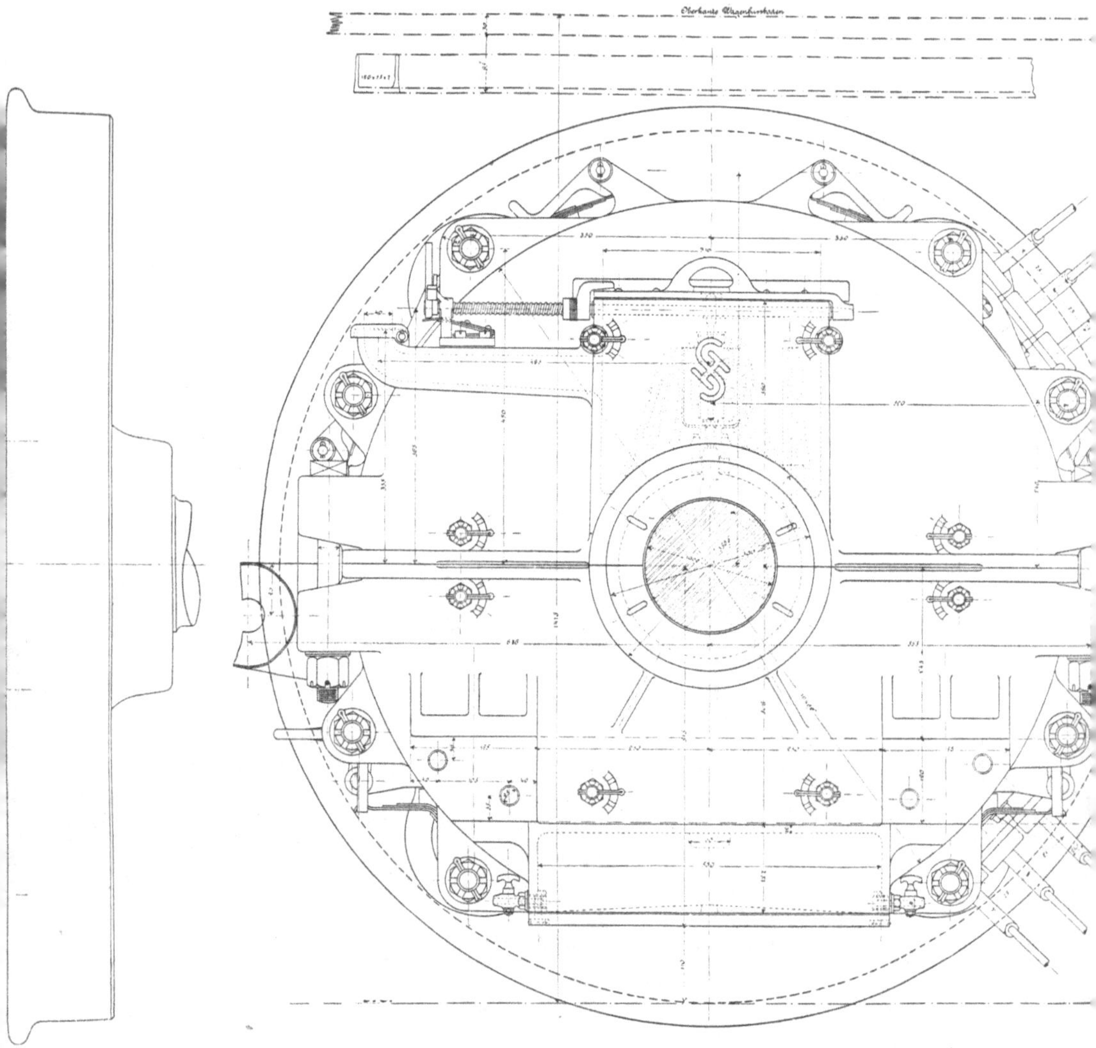

ıtor von Siemens & Halske, A.G.

ıes Motors.

Fig. 46.

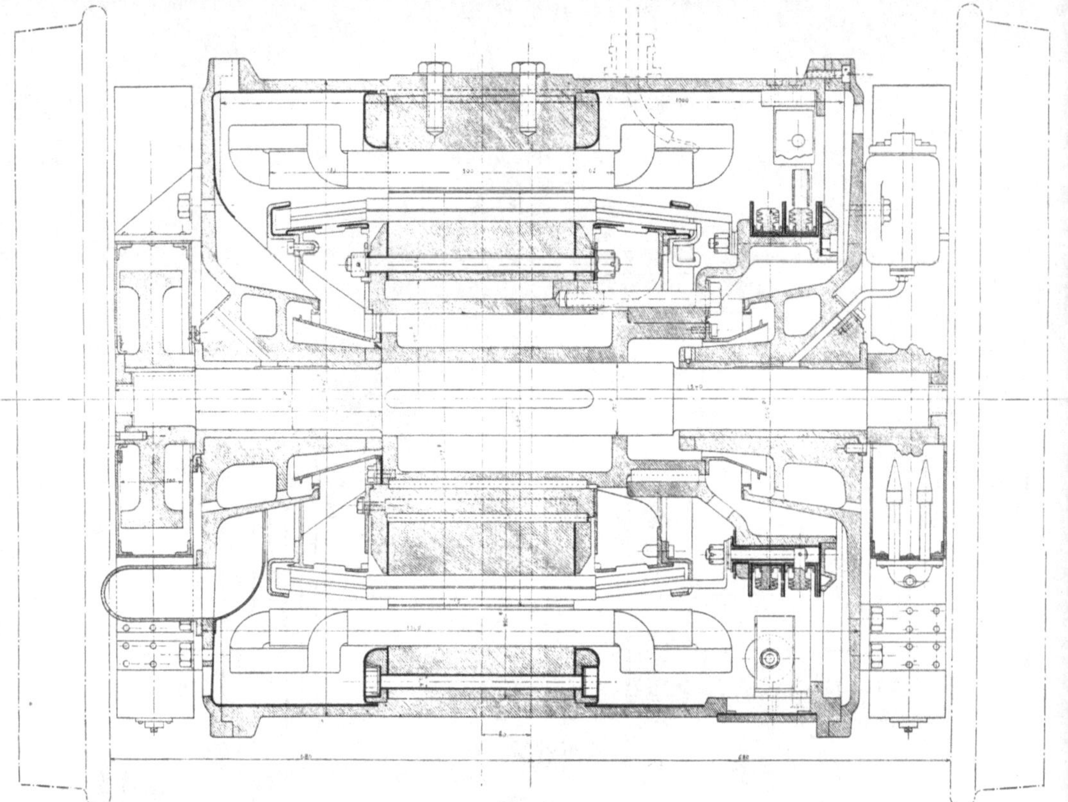

Fig. 49.

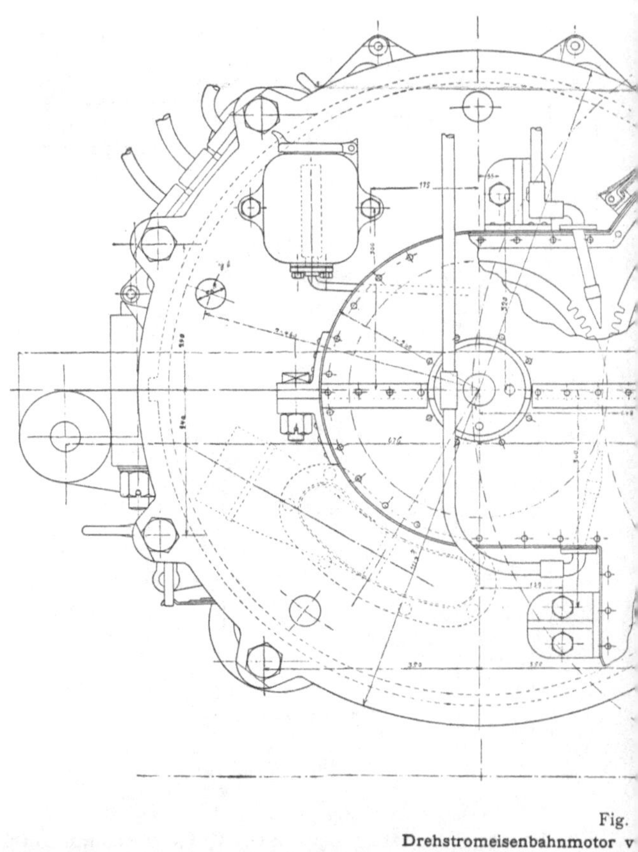

Vgl. S. 96.

Fig.

Drehstromeisenbahnmotor v

$A_2 = 190 \quad U = \text{ca. } 900$

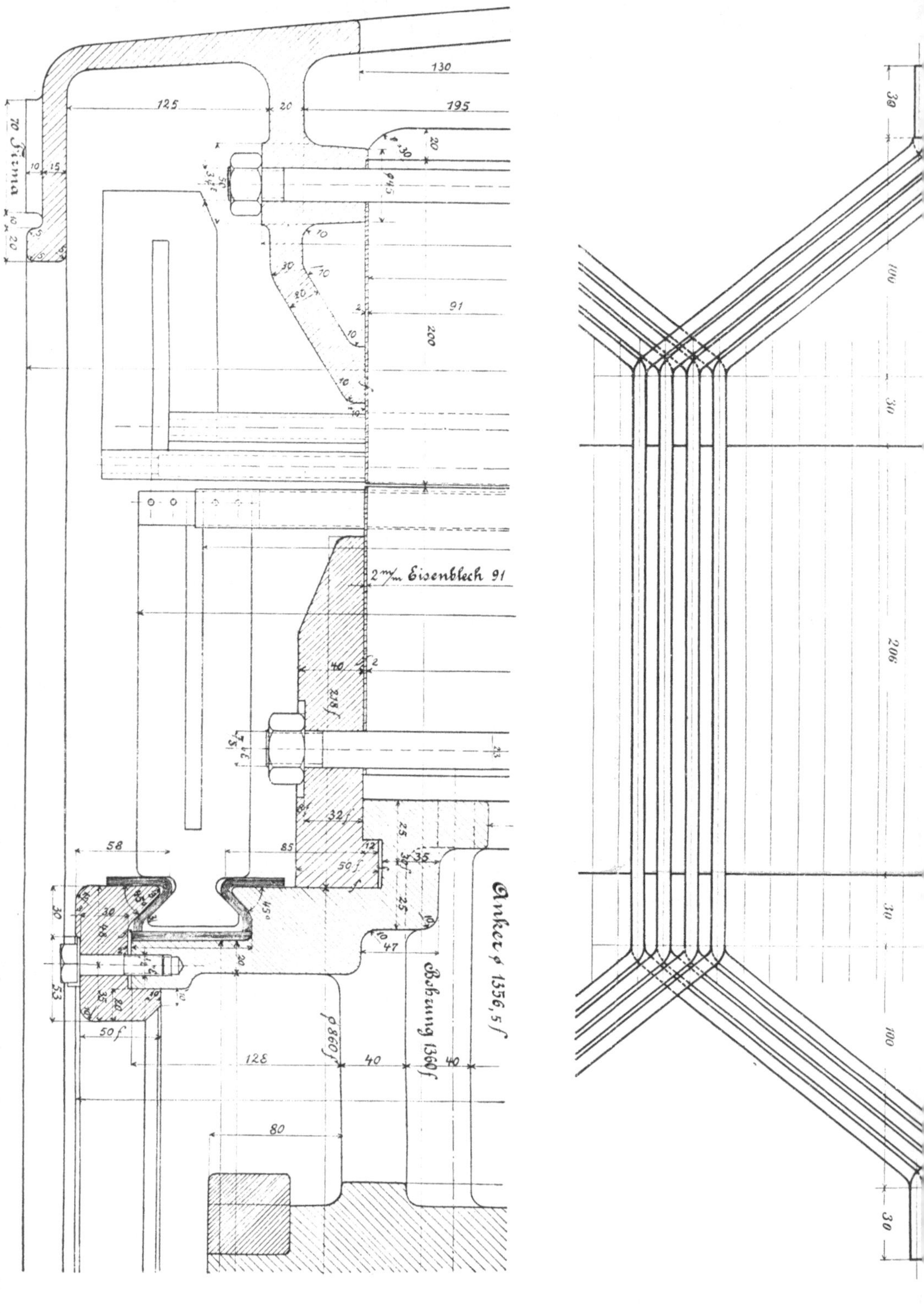

Fig. 57
„Stirnwicklung" mit „Gabelkopf" und „falschem Kommutator".
Gehört zum Motor Seite 81. (Ausführung von Kolben & Co.)

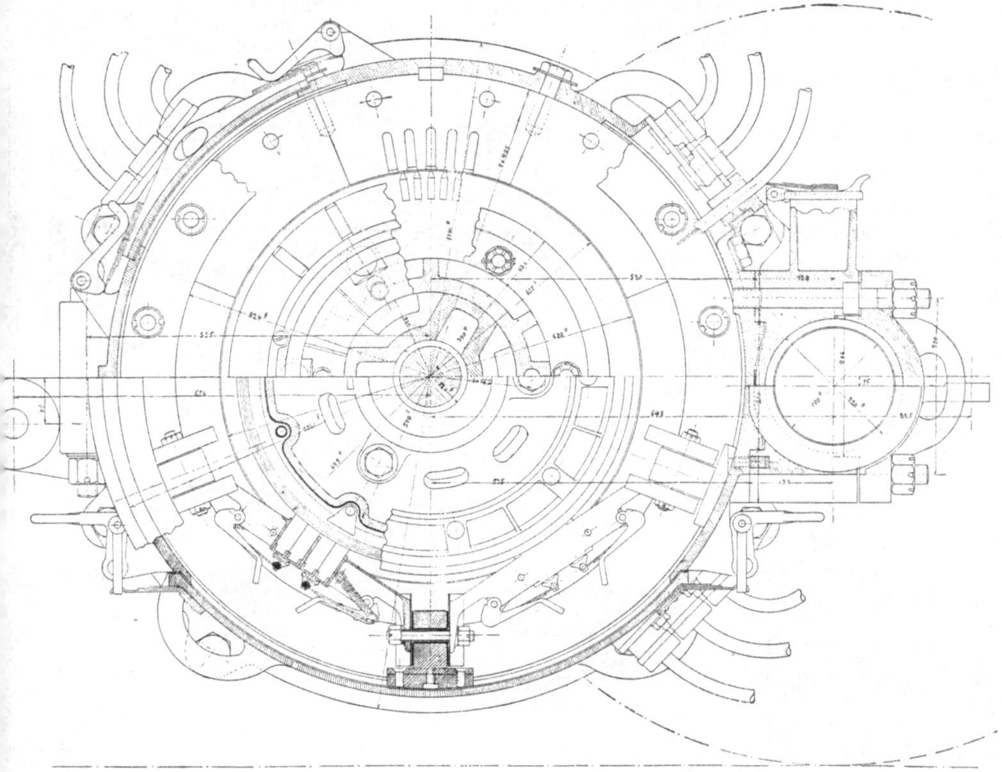

Fig. 50.

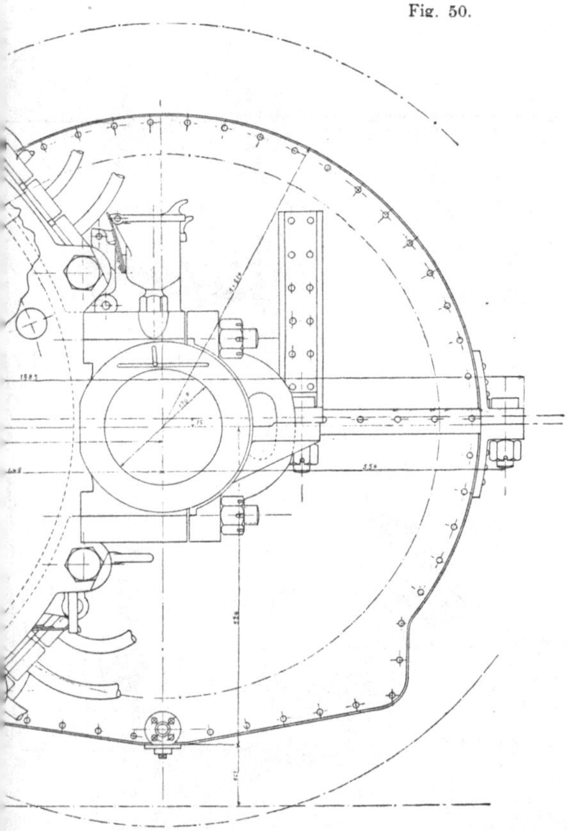

ıs & Halske, A.G.

: = 10000 Volt.

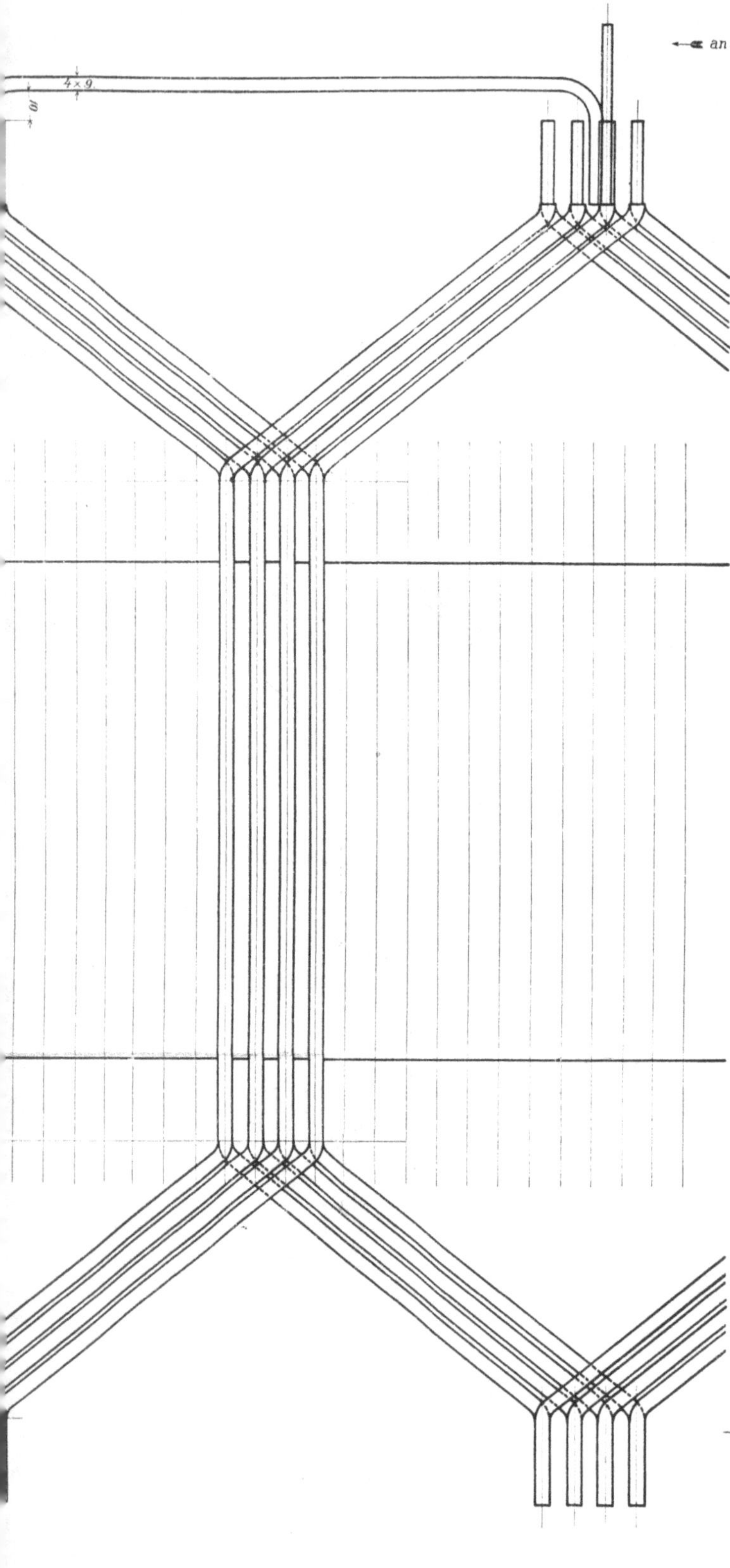

Fig. 58.

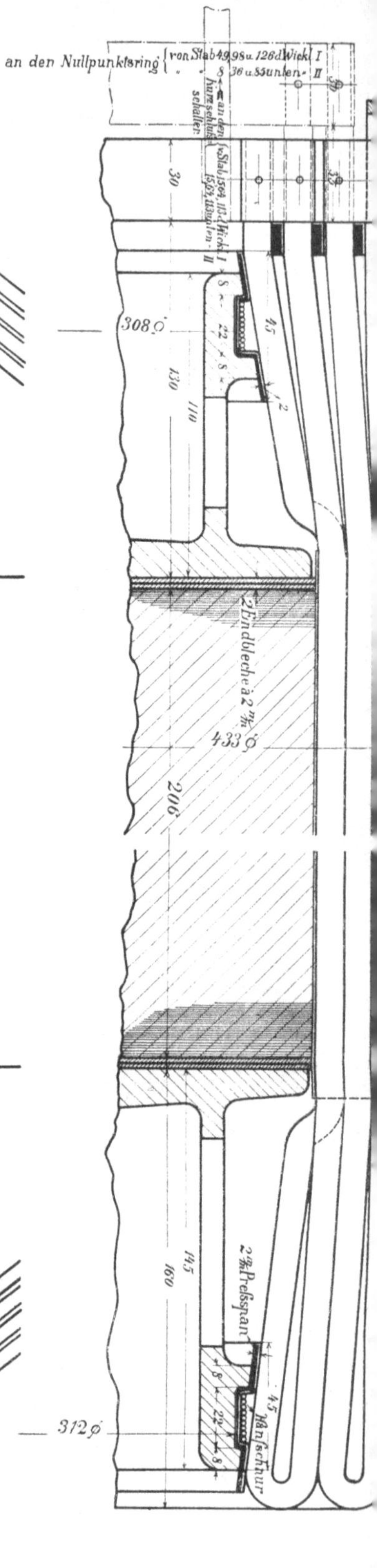

Fig. 59.

„Oberflächenwicklung“ mit „Gitterkopf“ und „Wicklungsträger.

Gehört zum Motor Seite 84.

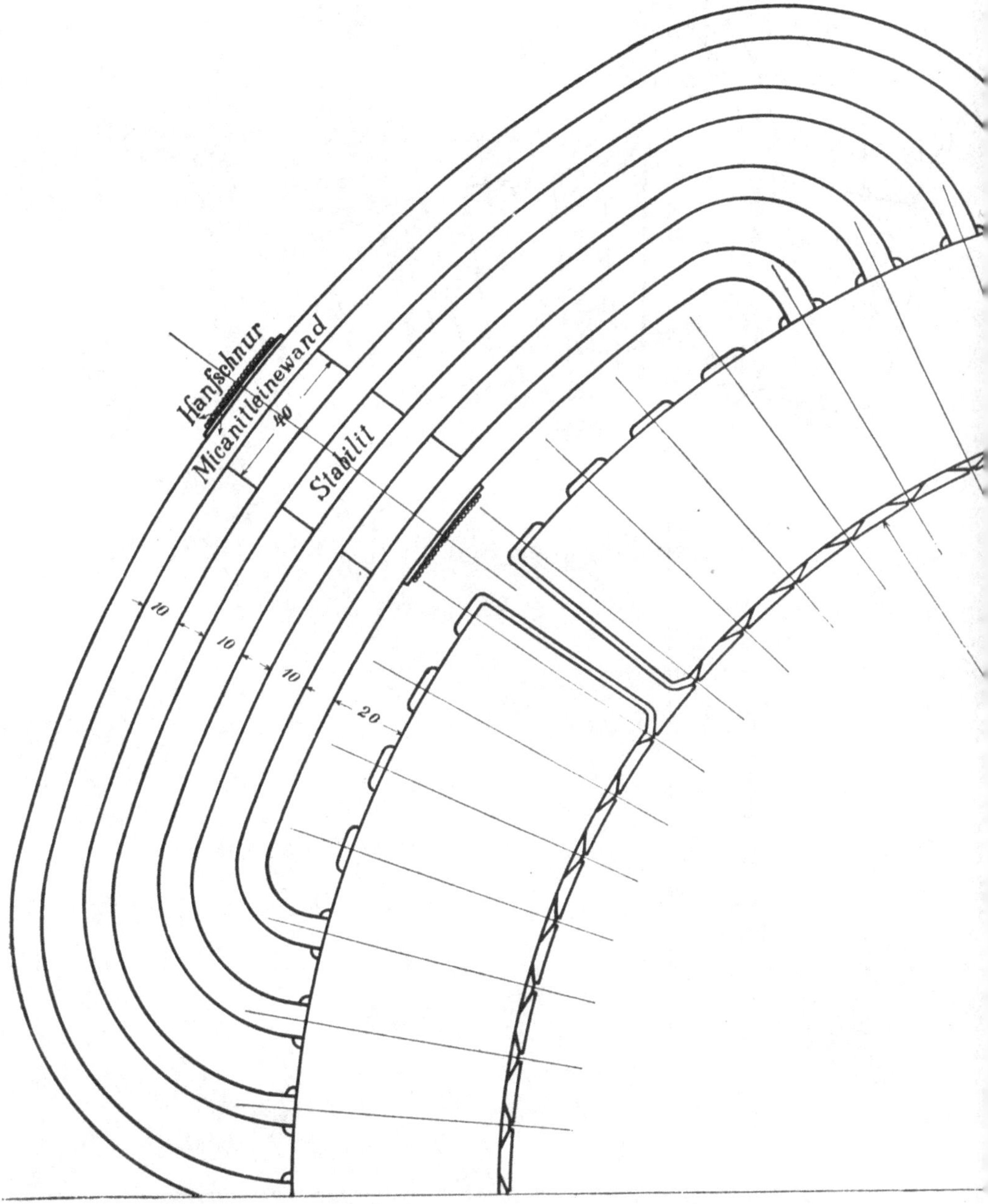

Fig. 6

Tafel IX.

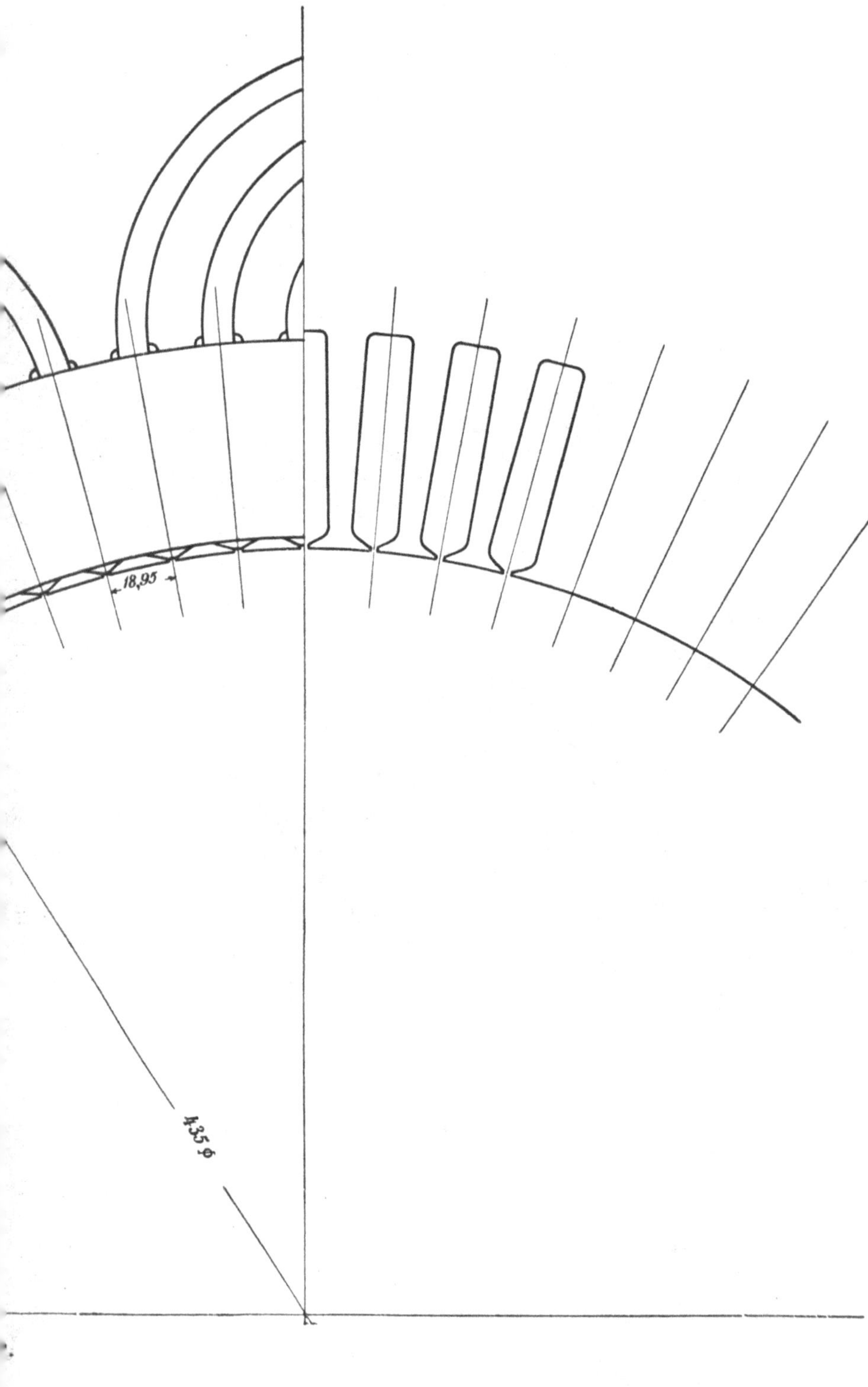

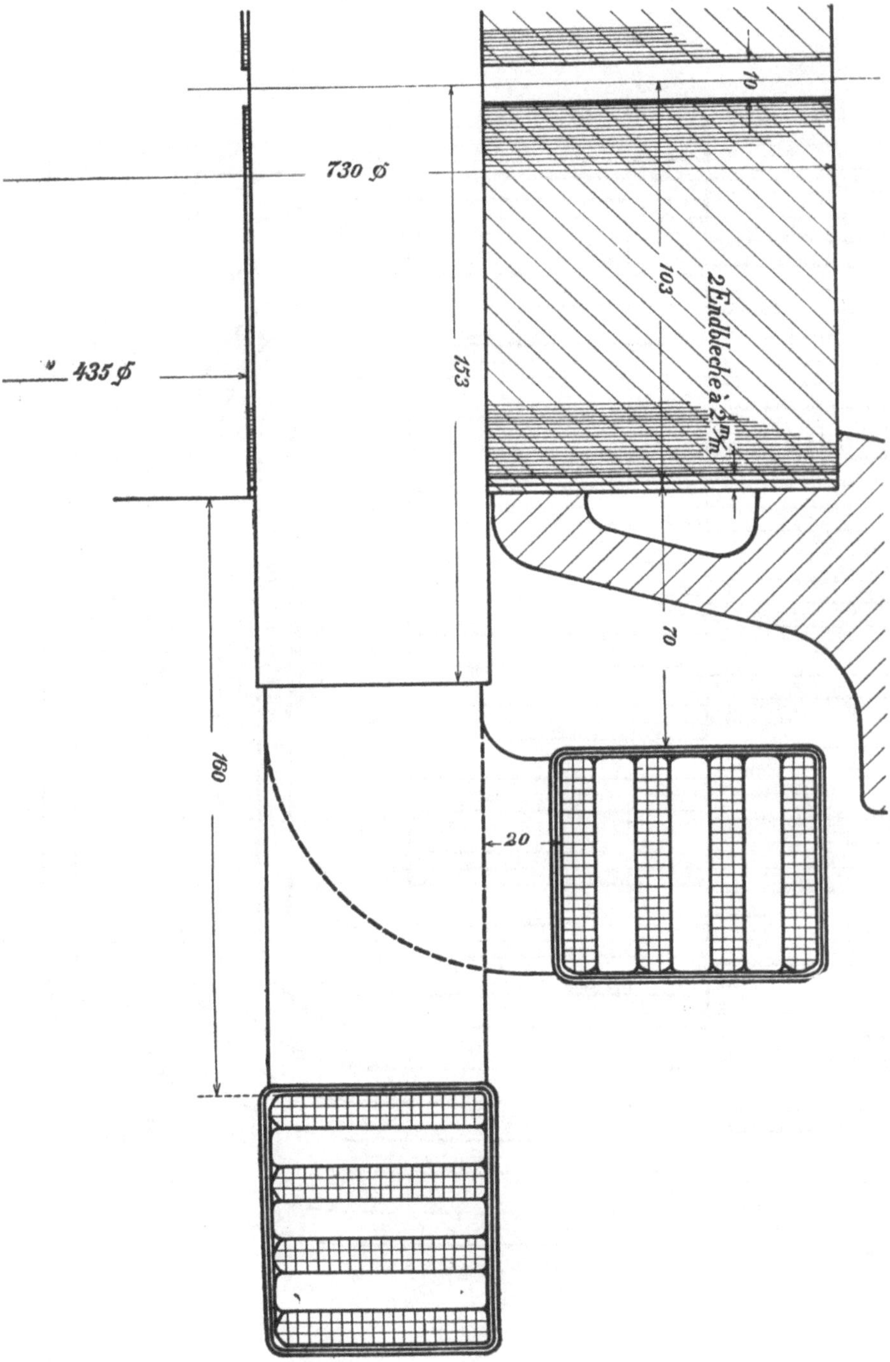

Fig. 61.

Laufwicklung zum Mo

(Drahtwicklung in

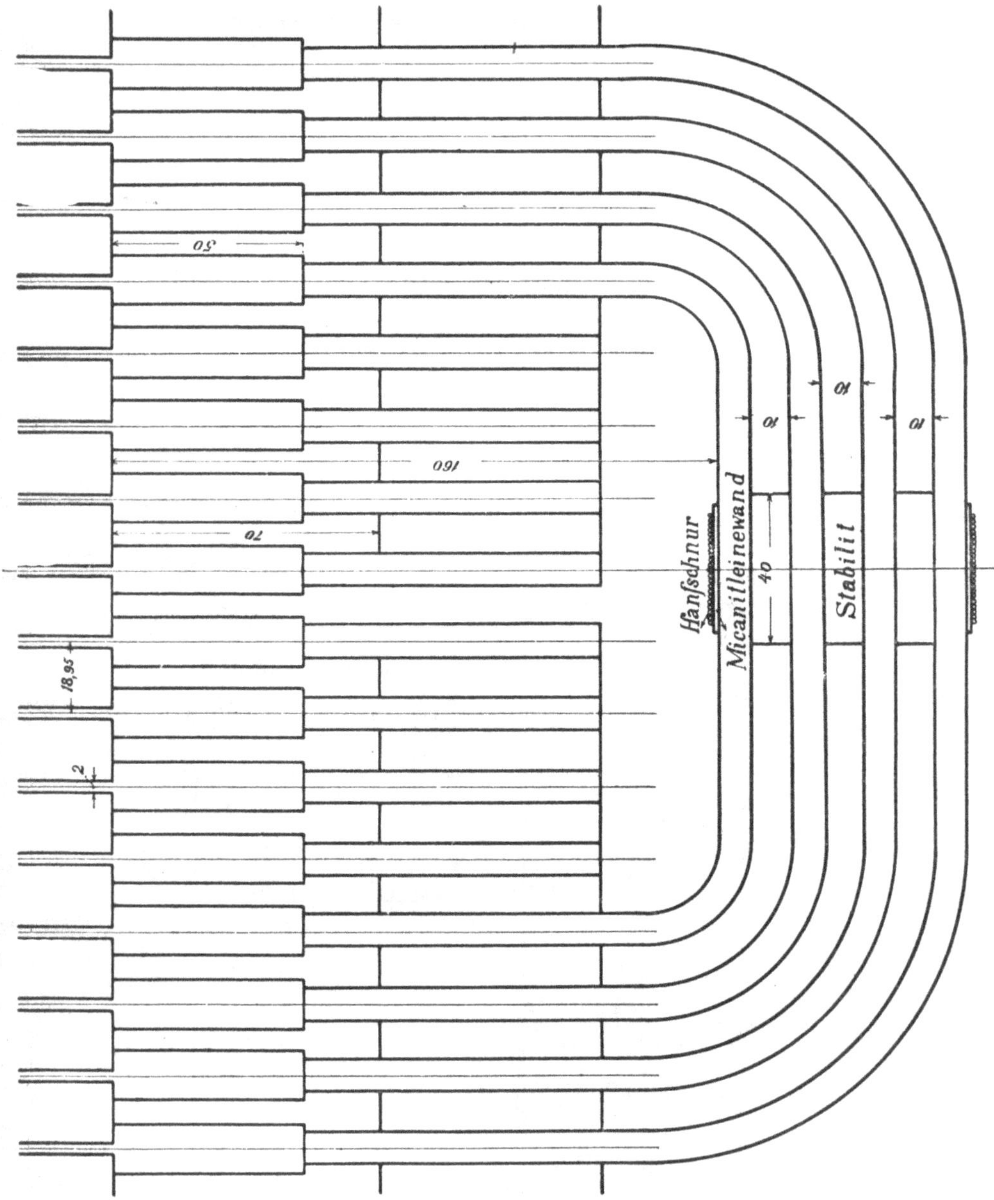

Fig. 62a.

or Beispiel IV, Seite 84.

gekröpften Spulen.)

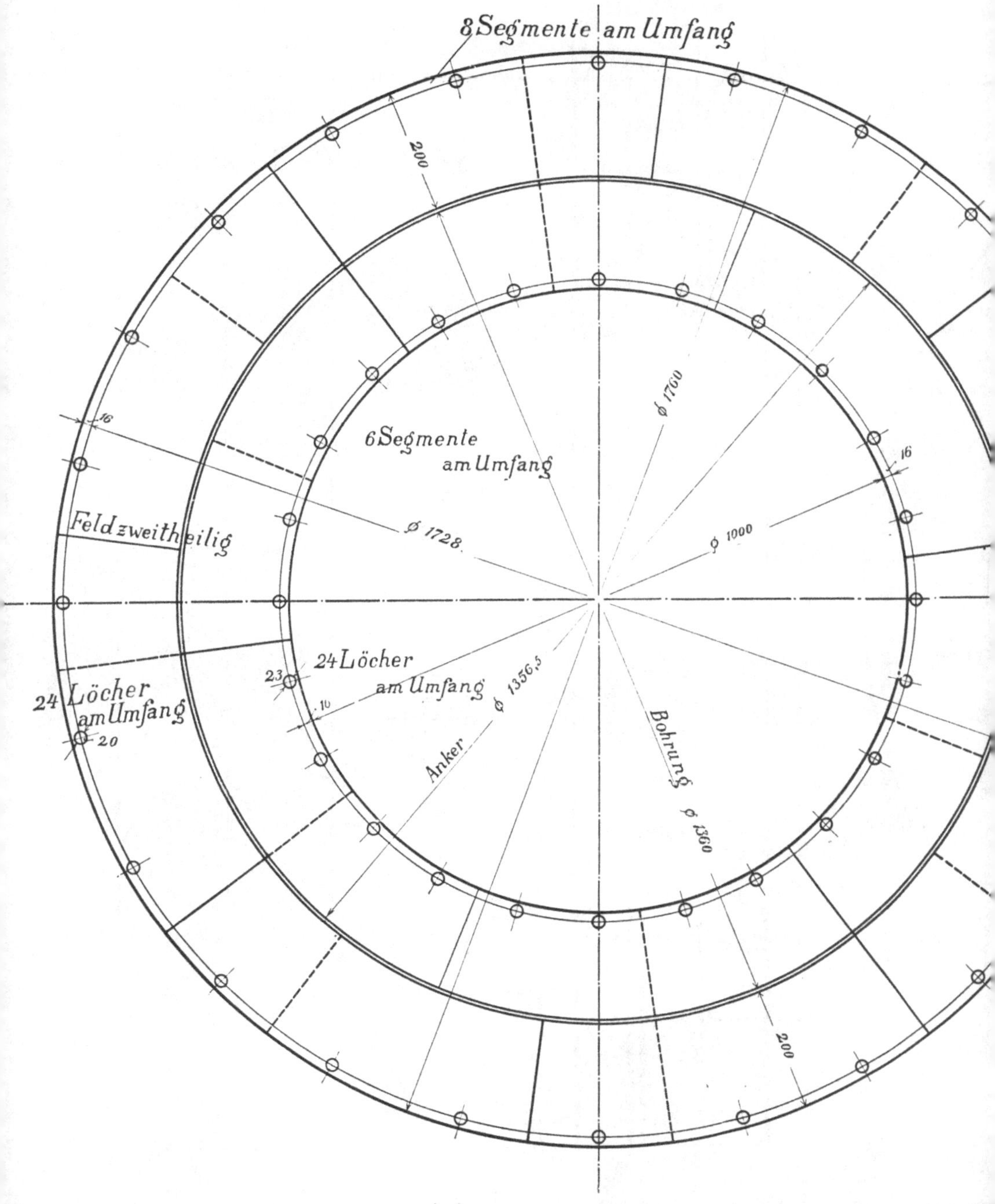

Fig. 70. **Ermittlung des Blechbedarfe[s]**

Beispiel [...]

Tafel X.

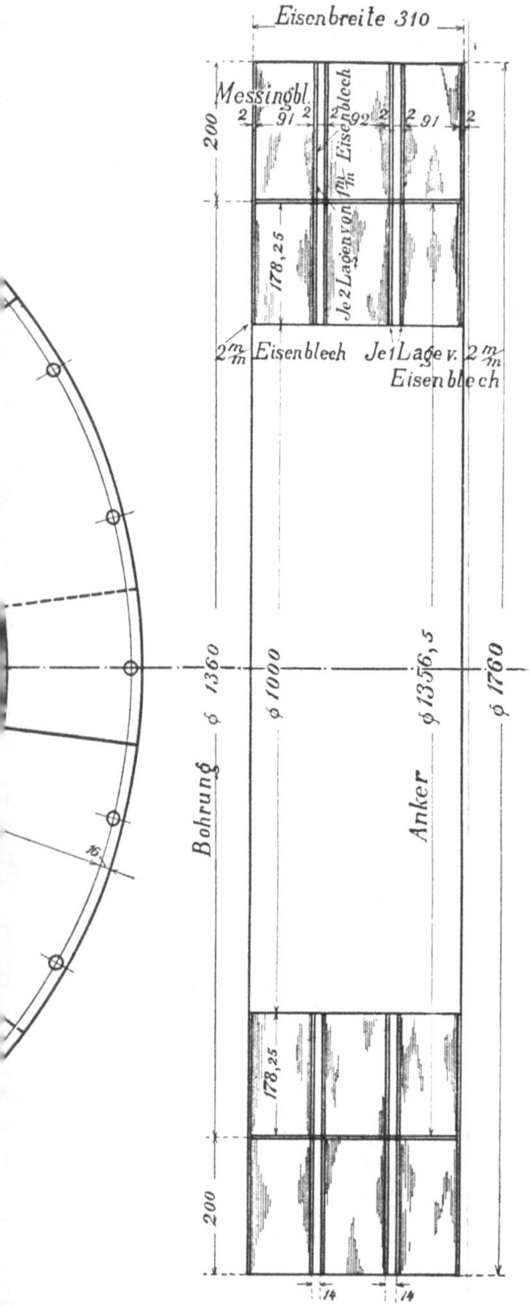

Feld: 550 Lagen à 8 Segmente, 2 Lagen v. 2 Lagen v. 2 m/m Messingbl. u. 8 Lag. v. 1 m/m Eisenblech

Total 450 Blechtafeln 2150 × 685 × 0,45 m/m

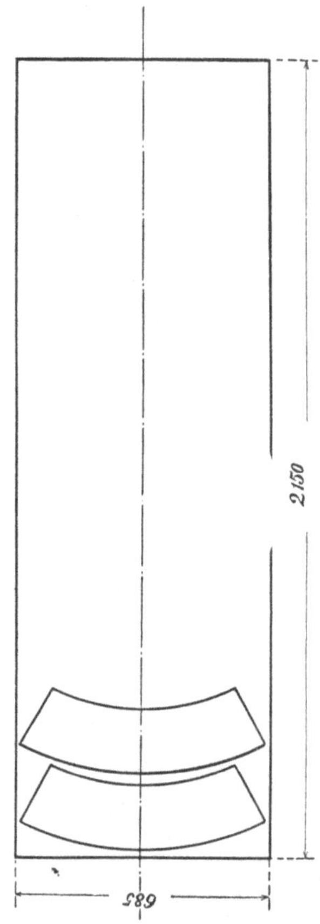

Anker: 550 Lagen à 6 Segmente u. 6 Lagen von 2 m/m Eisenblech

Total 340 Blechtafeln 2150 × 685 × 0,45 m/m

…zum Drehstrommotor von Kolben & Co.

Seite 81.

MIX
Papier | Fördert gute Waldnutzung
FSC® C083411

Zeitfracht Medien GmbH
Ferdinand-Jühlke-Straße 7
99095 Erfurt, Deutschland
produktsicherheit@kolibri360.de